U0298605

济南市域全运会比赛场馆可持续发展研究

尹新　段泽坤　赵斌　盖磊　周东　著

中国建筑工业出版社

图书在版编目（CIP）数据

济南市域全运会比赛场馆可持续发展研究／尹新等
著. —北京：中国建筑工业出版社，2022.6
ISBN 978-7-112-27401-7

Ⅰ．①济… Ⅱ．①尹… Ⅲ．①全国运动会—体育场—
建筑设计—研究—济南②全国运动会—体育馆—建筑设计
—研究—济南 Ⅳ．①TU245

中国版本图书馆CIP数据核字（2022）第086813号

责任编辑：徐　冉
文字编辑：黄习习
版式设计：锋尚设计
责任校对：王　烨

济南市域全运会比赛场馆可持续发展研究
尹新　段泽坤　赵斌　盖磊　周东　著
*
中国建筑工业出版社出版、发行（北京海淀三里河路9号）
各地新华书店、建筑书店经销
北京锋尚制版有限公司制版
北京中科印刷有限公司印刷
*
开本：880毫米×1230毫米　1/16　印张：11　字数：274千字
2022年6月第一版　　2022年6月第一次印刷
定价：48.00元
ISBN 978-7-112-27401-7
　　　（39093）

序

　　大型体育盛会一直是我国体育建筑发展的重要原动力。在奥运、亚运还没有进入国门的时候，全运会是省会城市体育设施建设的重要推动。1987年广州为举办第六届全运会，建设了以天河体育中心为代表的一批场馆，为新建体育场馆等大型公共建筑项目作为触媒，拉动城市新区开发开创了先例。进入新世纪之后，越来越多的省会城市开始学习和沿用这样的模式，而随着奥运、亚运、世界大运、世界军运在中国的举办，未来还会有更多的城市效仿。

　　进入讲求高质量发展的时代，体育建筑如何超越炫耀，回归理性？那些在赛会期间聚焦了荣光与花环的场馆和城市，今天又是何样情景？以我们最熟悉的全运会而言，比赛场馆在赛后是否进行了有效、合理的利用？我认为，从某种角度来说，这些比奥运建设更加值得关注和研究。究其原因有二：一、作为国内赛会，全运会体育设施建设在决策思想上的炫耀成分相对较少，其建设标准相对理性，更具有分析意义；二、众多的省会城市在排队申办全运会，而各省运会又在更多的中型城市举办，往往不由自主地要对标和学习，因此研究全运会设施建设及其赛后对举办城市的影响就变得更加重要。

　　本书聚焦济南市域第十一届全运会比赛场馆，对济南市域全运会比赛场馆的建设及使用状况进行系统的类型研究和特点、设计关键点总结，围绕比赛场馆的城市协调发展问题以及场馆项目建设和后续使用中的功能、节能、运营可持续发展问题进行研究，重点研究对象主要包括两个方面：一是济南市域全运会比赛场馆布局特征与城市发展的关系；二是济南市域全运会比赛场馆功能发展特征。从整体协调和可持续发展的角度出发，提出后全运会时期可持续发展设计策略，并初步建立了赛后利用评价模型，这种反馈有益于建筑全生命周期内节约成本，对日后国内全运会比赛场馆建设及利用有着重要的参考价值。

　　本书在成书过程中，作者踏踏实实研究，付出了心血，如今整理出版，期望这些诚心诚意的付出能够对社会有所贡献。让我们共同期待：体育建筑建设决策与规划设计中，能够真正把可持续发展问题放到首位，而落在实处的绿色低碳策略，也能够越来越受到学界和政界的关注和重视。

长江学者，全国勘察设计大师，教授，博士生导师

目 录

|第一章| 绪论

　　全运会是中华人民共和国全国运动会的简称，它是目前我国国内最具影响力、规模最大、水平最高的体育盛会。2009年第十一届全运会作为继北京奥运会后我国举办的第一个全国综合性运动会，所倡导的"和谐中国，全民全运"的"大体育"理念，开启了中国体育与时俱进、竞技体育与全民健身紧密结合的可持续发展观。如今，距离第十一届全运会成功举办已经过去十二年有余，在此期间，以济南奥体中心、山东省体育中心为代表的济南市域全运会比赛场馆经历了哪些赛后改造与功能转化？十多年的磨合使用，比赛场馆的可持续利用情况如何？是否逐步走向正轨？鉴于在建筑设计领域我国对于全运会比赛场馆研究涉及较少，加之第十一届全运会比赛场馆既有资料缺乏，在这种情况下，对济南市域全运会比赛场馆建设使用状况进行系统的梳理、分类、总结和反馈的研究迫在眉睫。

　　另一方面，作者在跟随导师孙一民教授学习的过程中，有幸参与了肇庆体育中心、界首体育中心、蚌埠体育中心的方案设计，因此对体育场馆如何通过前期合理的策划和设计方法使其在比赛之后实现可持续发展有了一些思考。全运会比赛场馆往往能代表当时国内体育场馆建设的最高水平，但是经历仅半个月的赛时运营周期后这些场馆在相当长一段时间内将不会承办如此高水平的体育赛事。所以全运会比赛场馆在赛后是否进行了有效、合理的利用，备受社会各界关注。对济南市域全运会比赛场馆的建设及使用状况进行系统的类型研究和特点、设计关键点总结，有益于建筑全生命周期内节约成本，对日后国内全运会比赛场馆建设及利用有着重要的参考价值。

1.1　研究背景

1.1.1　体育场馆快速发展

　　20世纪末、21世纪初，我国体育事业实现了跨越式发展，特别是近十年来，全国用于体育设施建设的投资每年递增56.5%[①]。北京申奥成功后，全国各地体育设施建设速度加快，体育场馆的各项建设标准较之前有了较大的提高。根据2019年全国体育场地统计调查数据，截至2019年底，全国体育场地354.44万个，体育场地面积29.17亿平方米，人均体育场地面积2.08平方米[②]。从国家统计局公布的《中华人民共和国2020年国民经济和社会发展统计公报》中获悉，截至2020年末，全国共有体育场地371.3万个，体育场地面积31.0亿平方米，预计人均体育场地面积2.20平方米。对比2019年年底的数字，仅2020年，全国体育场地新增了16.86万个，对应的人均场地面积提高了0.12平方米[③]。比赛场馆作为体育运动的重要载体，其建设得到了前所未有的发展和完善，部分场馆达到国际标准。但另一方面，体育场馆因其空间大、功能复杂导致造价及维护费用过高，如何在大型比赛结束后高效地利用好体育场馆，亟需关注。

[①] 国家体育总局门户网站．http://www.sport.gov.cn.
[②] 同上．
[③] 同上．

1.1.2　全民健身运动的普及

随着我国居民整体生活水平和生活质量的提高，体育运动作为休闲娱乐和强身健体的活动在我国居民日常生活中的地位日渐突出。为了使全民健身得以顺利地开展和实施，国家颁布了《全民健身条例》《全民健身计划纲要（1995—2010年）》《全民健身计划（2011—2015年）》等一系列政策文件，大力提倡全民健身运动。2011年《体育产业"十二五"规划》①指出将建设重点从竞技运动转向全民健身运动，切实保障广大人民群众参加体育活动的权利。2014年《关于加快发展体育产业促进体育消费的若干意见》②进一步将"全民健身"上升为国家战略，提出"发展体育强国"的目标理想，营造以多种方式重视、支持、参与体育的社会氛围。《全民健身计划（2011—2015）》中提到了在2015年参加体育锻炼的人数比例要增加到32%以上，也提到了要丰富全民健身活动的内容和发展相关配套体育场所和设施。除了竞技性强的田径及球类运动，也要广泛组织诸如健身舞、传统健身武术、跳绳、踢毽子、骑车等简单易行、群众喜闻乐见的活动项目。2016年6月15日由国务院印发的《全民健身计划（2016—2020年）》在肯定了体育运动对于全民健康的促进作用的基础上，进一步确定了深化体育事业、普及体育健身活动的发展目标。在相关政策引导下发展重心由竞技体育向群众体育倾斜，带动城市及相应体育场所的建设，这既是机遇又是挑战。

1.1.3　可持续发展理念深入人心

环境问题是当今国际社会普遍关注的重大问题，自《21世纪议程》发布以来，可持续发展已逐步成为各国政府的共识。随着改革开放持续深化，我国在经济快速增长的同时，资源与环境也承受着巨大的压力，环境与发展问题也是我国当前及今后相当长的一段时期面临的突出问题。建筑及其相关活动是人类对自然环境和资源影响最大的活动之一，在建筑类别中体育建筑被认为是能源消耗的大户，研究经济适宜且符合国情的低成本节能手段是今后体育建筑设计和赛后利用必须考虑的问题，这不仅可以降低成本，更重要的是为改善人类的生存环境尽一份力。

1.1.4　体育场馆赛后利用问题严峻

由于大型体育盛会对一个地区社会经济起到带动作用，在体育场馆的建设上，各地政府可谓不遗余力。然而经验不足导致部分体育场馆建设出现了前期缺乏规划、建设量过于庞大以及赛后利用不善等问题，其中尤其以赛后利用问题最为严峻。大型赛事的持续时间仅数周，赛后随着事件影响力消退，体育场馆也将在数年间逐渐走向式微。而赛后体育场馆若维护得当，其使用寿命可达十几年甚至几十年。长远来看，体育场馆可持续利用的意义是大于赛时意义的。然而，许多场馆赛后使用状况不尽如人意，造成了资源的闲置与浪费。据调查显示："我国各类体育场馆有44.1%面向全社会开放，21.3%部分开放，34.6%尚未开放"。由此可知，全面向社会开放的场馆不足一半，有超过1/3

---

① 中央政府门户网站. http://www.gov.cn/index.html.
② 同上。

的场馆甚至处于消极闭馆的状态。据统计，体育场馆举行大型比赛和大型文艺活动的机会也不多，只占全年可利用时间的10%～20%[①]。

1.2　相关理论研究

国内外关于体育建筑与可持续发展问题的研究主要集中在四个方面，分别是关于与城市协调发展问题的研究；基于功能类型的体育建筑设计研究；体育建筑绿色技术应用研究；体育场馆建设经济性问题研究。本书以此为依据，对济南市域全运会比赛场馆也从这四个方面展开。

我国体育建筑设计的研究始于20世纪50年代，从可持续发展的角度关注体育建筑研究始于20世纪90年代[②]。1994年挪威冬奥会第一次提出了"绿色奥运"口号，1998年在日本东京举办的国际学术会议把可持续发展和体育建筑结合起来进行讨论，由此，可持续发展理论从不同角度被引入到体育建筑设计领域中[③]。20世纪90年代末，我国以梅季魁教授为代表的学者针对我国体育场馆利用率低下、适应性差的实际情况，从可持续发展的思想出发提出体育建筑的功能可持续发展观[④]。

1.2.1　关于体育场馆与城市协调发展的研究

自2001年北京申奥成功以后，重大赛事与城市和体育设施建设的课题逐步受到学者进一步关注。1981年清华大学赵大壮博士所写的《北京奥林匹克建设规划研究》一文，在总结国际奥林匹克成功经验和失败教训的基础上，根据我国的国情和现有条件、未来发展可能，力求提出一种适用于北京并具有广泛意义的奥林匹克建设模式。该文章的理论在亚运会建设过程中得到了一定实践，他主张奥运会设施应该分散建设以取得最大的城市整体建设效果以及奥运会设施更好的场馆可持续发展，这一思路对我们现在的奥运会建设有很大的参考意义。罗鹏从城市与体育设施规划布局的角度，介绍2008北京奥运体育设施规划设计以及与另外几个奥运城市的比较[⑤]。任磊在《百年奥运建筑》中对一百年来的奥运建筑的发展特点和发展脉络进行了总结和研究。王西波则在《互动——适从》中论述了大型体育场所与城市的互动和适从的理论，并提出了相关的设计原则和评价体系。

1.2.2　关于体育场馆功能可持续发展的研究

20世纪90年代，梅季魁教授在其专著《现代体育馆建筑设计》中也提及了当前国内体育设施利用的现实矛盾，即"供不应求和低微效益，设计意图与使用现实，功能单一与多种使用"，并提出功能的可持续发展理论——"面向群众，多元组成，多功能"[⑥]。功能可持续发展观是可持续发展思

---

① 国家体育总局门户网站．http://www.sport.gov.cn.
② 祁斌．日本可持续的建筑设计方法与实践［J］．世界建筑，1999（2）：30-35.
③ 孙璐．可持续建筑设计中的寿命周期评价方法［J］．天津大学学报（社会科学版），2007（6）：552-555.
④ 孙一民，汪奋强．基于可持续性的体育建筑设计研究：结合五个奥运亚运场馆的实践探索［J］．建筑创作，2012（7）：24-33.
⑤ 罗鹏．大型体育场馆动态适应性设计研究［D］．哈尔滨：哈尔滨工业大学，2006.
⑥ 梅季魁．建筑与环境的对立统一［J］．哈尔滨建筑工程学院学报，1989（2）：79-87.

想的延续，其中心思想是"资源效益观"，即认为实现建筑的可持续发展一方面是从资源投入的角度"降低消耗"，另一方面应从资源利用的角度"提高效率"①，投入与产出的综合"性价比"是评价建筑是否实现可持续发展的标准。

进入21世纪，国内学者在前面研究的基础上，进一步关注体育场馆灵活性和适应性的研究，是多功能设计观和功能可持续发展观在理论的深度和广度上的深化和拓展。国内研究者围绕各类型体育建筑的适应性问题展开了一系列的研究，包括哈尔滨工业大学岳兵的《大型体育场的适应性设计研究》、华南理工大学申永刚的《大中型体育场馆的灵活性和适应性研究》等。清华大学胡斌在《大型体育场馆设计发展趋势初探——来自几项国际设计竞赛的启迪》②一文中，通过对最近几次国内大型的体育建筑招标作品的分析，探索了大型场馆的发展趋势：复合化、灵活性、先进的技术手段、新颖的建筑形象。哈尔滨工业大学罗鹏的博士论文《大型体育场馆动态适应性设计研究》提出了大型体育场馆动态适应性设计的理念，并从城市环境、空间、技术应用整合等方面探索了具体的设计对策。

1.2.3　关于体育场馆节能可持续发展的研究

从建筑技术角度，对体育建筑节能降耗的研究也在近年迅速展开。目前，研究成果主要集中在各高校博士、硕士的毕业论文成果。华中科技大学樊松丽的硕士论文《绿色体育建筑的可持续性及环境性能评价研究》探讨了体育建筑在资源、环境、节能、后续利用等方面的问题，提出了建筑环境效率的概念，并运用层次分析法，对体育建筑设计阶段的环境性能进行了评价。哈尔滨工业大学史立刚的博士论文《大空间公共建筑生态化设计研究》对大空间公共建筑生态化设计的外部条件和内在原则的探讨搭建了其理论框架③，接着从选址的生态位策划、形式追随生态和内容结合生态三方面建构了大空间公共建筑的生态化设计策略。李晋的博士论文《湿热地区体育馆与风压通风协同机制及设计策略研究》从体育馆的场地、形体、空间以及界面的角度，挖掘各因素与风压通风的整体协同规律，研究了相应的设计策略④。

1.2.4　关于体育场馆运营的研究

国内学者林显鹏在《现代奥运会体育场馆建设及场馆可持续发展研究》中，总结了奥运场馆赛后使用的模式，并提出了应该让政府和企业合作，共同扩大场馆的融资和创收渠道，并对奥运场馆的其他方面均作了比较深入的分析。万来红的《体育场馆资源利用与经营管理》运用管理学、体育学、建筑学等多学科理论，对我国体育场馆资源的有效利用与经营管理问题进行了研究，提出了相关的建议与对策⑤。杨远波的《体育场馆经营导论》从管理学的角度对体育场馆的运营进行研究，书中介绍我国体育场馆分布状况，分析了经营管理现状，针对体育场馆的自身性质，提出应选择的经

① 罗鹏，梅季魁. 大型体育场馆动态适应性设计框架研究［J］. 建筑学报，2006（5）：61-63.
② 胡斌. 大型体育场馆设计发展趋势初探——来自几项国际设计竞赛的启迪［J］. 新建筑，2001（10）：43-46.
③ 史立刚. 大空间公共建筑生态化设计研究［D］. 哈尔滨：哈尔滨工业大学，2007.
④ 李晋. 湿热地区体育馆与风压通风协同机制及设计策略研究［D］. 广州：华南理工大学，2011.
⑤ 万来红. 体育场馆资源利用与经营管理［M］. 武汉：华中科技大学出版社，2010.

营模式。华南理工大学硕士刘乐怡在《第六届全国运动会体育场馆建设使用研究》中指出全运会的承办权从第六届开始向省会城市转移[1]，大量的体育场馆建设虽然能将城市的建设水平和发展速度提升5~10年，但举全省之力办一届全运会，其场馆可持续发展更是一个值得关注和亟待解决的问题[2]。

1.3　研究对象的内涵及界定

全国运动会每四年举办一次，一般在奥运会前后举行，旨在为国家的奥运战略锻炼新人、选拔人才。全运会作为中国最高级别的体育盛会，引起国内外极大关注。

中华人民共和国第十一届运动会主会场设在济南。第十一届全国运动会共设33个大项、360个小项，全国31个省（市、区）以及解放军、新疆生产建设兵团、香港特别行政区、澳门特别行政区、11个体育协会的46个代表团参加，参会人数总规模达到4万人。开幕式、闭幕式在济南市奥林匹克体育中心体育场举行。

第十一届全运会共需场馆130个，其中比赛场馆65个，训练场馆65个。按照举省一致办全运的原则，2007年10月山东省政府与17个市政府签订了《中华人民共和国第十一届运动会委托承办工作责任书》，全省新建比赛训练场馆42个，维修改造88个。

按照十一运组委会安排，济南赛区承办23项赛事，12项为决赛项目，并在全运会前，组织举办了11项测试赛和1项决赛，其中4项国家级比赛（体操、马术、田径、网球团体决赛）、8项省级比赛（网球、跳水、游泳、排球、摔跤、举重、拳击、蹦床）。主办城市济南辖区（包括县级市、县）全运会比赛场馆共20个，其中新建场馆16个，改建场馆4个，总占地面积400多公顷，建筑面积超过80万平方米，总投资高达80多亿元（表1-1）。

济南市域全运会比赛场馆"十一运"体育赛事一览表　　　表1-1

济南体育设施场馆	体育赛事（大项）
济南奥体中心体育场	田径
济南奥体中心体育馆	体操、蹦床
济南奥体中心网球馆	网球
济南奥体中心游泳跳水馆	游泳、跳水
山东省体育中心体育场	男子足球
山东省体育中心体育馆	男子篮球
山东省体育中心游泳馆	男子、女子水球
山东省射击自行车管理中心射击馆	射击

① 刘乐怡. 第六届全国运动会体育场馆建设使用研究［D］. 广州：华南理工大学，2006.
② 韩英. 可持续发展的理论与测度方法［M］. 北京：中国建筑工业出版社，2007：31-33.

续表

济南体育设施场馆	体育赛事（大项）
山东省射击自行车管理中心自行车馆、小轮车场	自行车
济南东郊公路自行车赛场（临时）	自行车
南郊山地自行车场地（临时）	自行车
山东体育学院垒球场	垒球
山东体育学院棒球场	棒球
山东体育学院曲棍球场	男子、女子曲棍球
济南皇亭体育馆	举重
山东交通学院体育馆	拳击
山东济南历城区体育馆	摔跤
历城国际赛马场	马术
莱芜市综合体育馆	女排小组赛
章丘体育馆	女子排球决赛、男子排球决赛

表格来源：作者根据山东省体育局馆藏资料整理绘制

1.4　研究目的及意义

本书围绕比赛场馆的城市协调发展问题以及场馆项目建设和后续使用中的功能、节能、运营可持续发展问题进行研究，重点研究对象主要包括两个方面：一是济南市域全运会比赛场馆布局特征与城市发展的关系；二是济南市域全运会比赛场馆功能发展特征。研究目的是从城市发展的长远立场和全运会场馆功能可持续利用、高效运营以及节能的角度出发，通过济南市域全运会比赛场馆建设及使用情况的反馈和经验总结，促进既有的全运会场馆优化升级，为日后投入建设的全运会场馆提供借鉴，共同实现可持续发展。其现实必要性和研究意义主要有以下几个方面：

（一）探索可持续发展背景下全运会比赛场馆的利用情况

用发展的眼光来看，如何实现场馆的可持续发展，决定了一届全运会比赛场馆能否带来长久的效益。重视体育场馆的可持续发展，并发掘适应于地区特色的发展模式，是生态文明建设的重要一环，对城市和国家都有着非常重要的意义。本书通过对济南市域全运会比赛场馆的研究，希望在可持续发展的大框架下将此理念推动到更多的大型公共体育场馆中。

（二）填补了济南市域全运会比赛场馆既有资料的不足

山东地区经济发达，汇集了数量众多的体育场馆，特别是第十一届全运会比赛场馆是我国高水平体育场馆的反映。第十一届全运会成功举办距今已有十余年时间，加之比赛场馆既有资料缺乏，在这种情况下，本书经过几轮调研、测绘，绘制了场馆基础图纸资料，重点填补了济南市域全运会比赛场馆既有资料的不足。

（三）对国内全运会比赛场馆建设及利用有着重要的参考价值

本书选取的研究对象是济南市域全运会比赛场馆，对具体的、有形的实体进行各方面的比较分析，杜绝了泛泛的空谈，并对济南市域全运会比赛场馆的建设使用状况进行系统的类型研究和特点、设计关键点总结，这种反馈有益于建筑全生命周期内节约成本，对日后国内全运会比赛场馆的建设及利用有着重要的参考价值。在体育场馆建设的高峰时期，这样的实证性研究有助于更加理性和贴近实际地了解什么样的体育场馆能够真正成为人民生活的一部分，为体育场馆的设计、利用和优化管理提供依据，并在现有POE（Power Over Ethernet，有源以太网）技术基础上提出了体育建筑赛后利用评价模型，以期对其他体育场馆类建筑的赛后利用提供评价依据，为我国体育场馆可持续发展研究抛砖引玉。

1.5 本书的创新点

总体来说，本书有三点创新。

（一）建立了济南市域全运会比赛场馆类型库

本书经过几轮调研、测绘，绘制了济南市域全运会比赛场馆基础图纸资料，并基于对全运会比赛场馆大量实际案例的分析解读，较为全面地总结了比赛场馆的布局类型、可持续利用手法和特征，建立了济南市域全运会比赛场馆类型库，为后续研究奠定基础。

（二）构建了体育场馆可持续发展研究的基本框架

本书基于对可持续发展理论的系统梳理，尝试提出体育场馆可持续发展研究的基本框架。宏观层面从第十一届全运会比赛场馆与城市关系这一视角出发，着重对济南市域全运会比赛场馆布局进行研究，阐述了其宏观布局及总体空间布局分类特征、演进历程都与城市发展密切相关。中观层面通过全运会比赛场馆案例的研究分析，探求驱动场馆可持续发展的动因，探索实现可持续发展背后的设计方法与利用模式。微观层面选取经历过多次大型体育赛事和建设改造的济南市域全运会比赛场馆作为案例研究，并从功能发展、节能、运营三个方面对其可持续发展特征进行分析和总结。其中功能发展是全运会比赛场馆可持续发展的重要内容，对比赛场馆在多功能复合化、赛事功能的转换、观演功能的强化、全民健身功能的强化、与城市功能的融合等方面进行分析和探讨，初步形成"场馆与城市互动关系—对场馆宏观布局层面研究—对场馆中观方法模式层面研究—对场馆微观单体发展特征（功能、运营、节能）研究"这一体育场馆可持续发展的基本研究框架，将内容和重点与可持续发展核心内涵紧密关联，旨在促进体育场馆的可持续发展。

（三）将量化方法与实证研究相结合，提出体育场馆赛后利用评价模型

本书通过对济南市域全运会比赛场馆可持续利用相关类型、特征进行详细解析，在实证研究的基础上，系统地提出了全生命周期内体育场馆的可持续发展策略。特别是赛后指引策略研究基于场馆调研，通过SPSS数据统计和迈实层次分析法构建体育场馆赛后利用评价模型，针对体育场馆赛后功能使用、建筑节能、运营管理这三个大项，创造性地将数据模型融合于场馆可持续发展研究中，以期借助此模型能对体育场馆赛后利用情况作出科学、客观、有效的评价和补充。可持续发展策略是对体育建筑设计理论的有力补充，对未来全运会比赛场馆的布局、设计和运营实践具有重要指导意义。

全运会比赛场馆研究涉及的层面和学科较广，其与城市协调发展的模式以及可持续利用的手法也必然是多种多样的。鉴于建筑学视角下的这项研究相关文献资料较少，对于该类研究还处于探索阶段，限于作者能力和时间，本书的研究内容和分析手段难免有所欠缺和不当，恳请各位指正。

|第二章| 全运会比赛场馆发展历程与现状

2.1 全运会比赛场馆发展历程回顾

全运会的起源、诞生背景，以及随着国家经济基础和上层建筑改变产生的演变过程、时代特征及其场馆的功能演进等具有极为深刻的研究价值和历史内涵。自晚清至今，我国全运会历经了一个从无到有、从萌芽到相对成熟，后经萎靡，直至重建的曲折历程。在社会动荡时期任何现象的变异、消失都极为正常，然而，全运会似乎是一个例外，从1910年近代中国举办的第一届全运会开始算起，全运会已走过了百余年。今天我们所说的全运会指的是中华人民共和国运动会，迄今为止已成功举办了十四届。全运会是各方主体实现利益的平台，是我国实现从体育大国转变至体育强国进程中不可缺少的重要组成部分，对提高体育产业和相关经济领域的蓬勃发展，推进全民健身的普及，营造城市品牌，带动城市的跨越式发展以及满足广大人民群众物质与精神需求具有十分重要的意义。

2.1.1 旧中国全运会比赛场馆发展历程（1910~1949年）

我国古代并没有"体育"这样一个概念，也没有与此相近的词语。"体育"一词是清代末年维新运动时期的舶来品，体育史界一般认为最早是留学生们从日本传入的。然而中国古代体育是庞大的系统中的一个子系统，它与诸如宗教、医学、教育等领域共同构成文化形态领域。因此，我国的体育史实际上是一个从古代民族传统文化中剥离、抽象与凸现的过程。近代是中国体育建筑萌芽阶段，这一阶段的发展实质是中华民族传统体育被西方体育渐渐侵蚀的过程。近代中国体育建筑的发展经历了从租界到华界的内化过程。体育建筑最先出现在租界中，伴随着租界的开设直接从西方社会"移植"而来，以服务于殖民者的休闲体育活动为主要目的[1]。而开创全运会的体育赛事制度，也是受到近代西方体育组织的启发，这进一步推动了西方体育与中国传统体育的交流与融合。在中国特定的历史背景下，通常将新中国成立作为划分全运会新旧属性的时间节点。为便于区分，我们称1949年新中国成立前的全运会为"旧中国全运会"，简称"旧全运"，近代中国共举办过7届"旧全运会"（表2-1），第一届"旧全运会"举办于清末，第二、三届举办于北洋军阀时期，后4届"旧全运会"举办于国民党执政时期。

近代中国全运会举办情况

表2-1

届数	时间	体育场所	阶段
第一届	1910年10月18~22日	南京劝业会场	
第二届	1914年5月21~22日	北京天坛	起步阶段
第三届	1924年5月22~24日	湖北省立公共体育场	

---

[1] 侯叶，孙一民，杜庆. 启蒙——近代中国体育建筑的内化演变 [J]. 新建筑，2017（10）：83-87.

届数	时间	体育场所	阶段
第四届	1930年4月1～10日	杭州梅东高桥体育场	稳定阶段
第五届	1933年10月10～20日	南京中央体育场	
第六届	1935年10月10～22日	上海江湾体育场	
第七届	1948年5月5～16日	上海江湾体育场	中断阶段

表格来源：作者自绘

　　第一届和第二届"旧全运会"由基督教青年会①发起，因当时国内没有大型体育场，比赛场地为简陋的临时场地。第三届"旧全运会"兴建了专门的运动场地——湖北省立公共体育场（图2-1），这是国内第一个专用竞技场地，会场北部为田径场，由400米椭圆形跑道和200米直线跑道组成。第四届"旧全运会"由国民政府筹备，于杭州梅东高桥建造面积近10万平方米的体育场（图2-2），为运动会比赛配备的设施较为齐全。1931年底建成的南京中央体育场作为第五届"旧全运会"的比赛主场（图2-3），在中国近代体育史上不可替代，全场占地约1000亩（约666000平方米），由基泰工程司杨廷宝设计，当时造价为143.39万元。工程结构均采用最新式的钢骨水泥浇筑而成，各类型的体育建筑均设有固定看台，整个体育建筑群一次可容纳6万余名观众。最后两届"旧全运会"的主场上海江湾体育场规模宏大、设施最为先进，当时可谓是远东规模最大、设施最先进的大型综合性体育建筑群（图2-4）。建立江湾体育场是以1930年1月制定的"上海市中心区域设计"和年底完成的"大上海计划"为依据，除了满足"旧全运会"的开展，更是鉴于当时上海市内人口已经达到300万以上，而大规模体育设施尚属空白，无法满足市民健身及日常娱乐的需要。国民政府希望市中心区域形成美好观感，促进上海繁荣，于是在1934年初，命上海市中心区域建设委员会建筑师办事处着手进行设计，1934年8月开工，第二年5月竣工。江湾体育场建筑设计由上海市中心区域建设委员会建筑师办

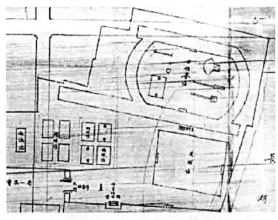

图2-1　湖北省立公共体育场，1924年左右

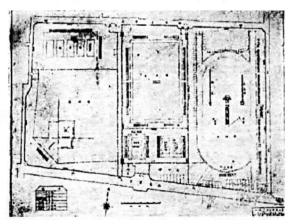

图2-2　杭州梅东高桥体育场，1930年左右

---

① 基督教青年会（Young Men's Christian Association，简称青年会）。

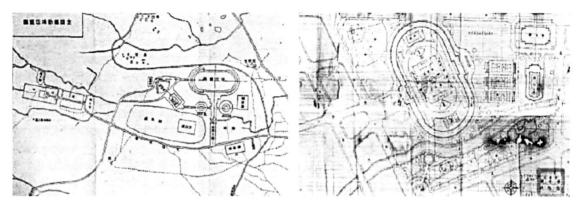

图2-3　南京中央体育场　　　　　　　　　　图2-4　上海江湾体育场

［图片来源：张天洁，李泽. 20世纪上半期全国运动会场馆述略［J］. 建筑学报，2008（7）：96-101.］

事处主任建筑师董大酉及助理建筑师王华彬主持完成，工程承包商为成泰营造厂，由于当时中国建筑史上还没有类似用途和规模的建筑，所以建筑师采用了西方典型的体育建筑形制，但是在立面及细节的处理上充分体现了中国文化的特色，在当时被誉为现代化的中国建筑。

"旧全运会"体育场馆从第一、二届简易的临时场地到第六、七届符合全运会比赛的体育场馆，不仅建筑规模有所扩大，也由开始生硬模仿欧美式建筑风格逐步过渡到有意探索我国近代民族建筑形制。"旧全运会"体育场馆的演化根植于中国近代化的场景，逐渐演进成为民族复兴意志下新民族体魄的空间表征，对新中国全运会比赛场馆发展也具有积极的一面。

2.1.2　新中国全运会比赛场馆发展历程（1949年至今）

自1949年中华人民共和国成立至今，在七十多年的历史征程中，我国共举办了14届全国运动会。在《体育建筑一甲子》[①]一文中，新中国成立后的体育建筑发展阶段以改革开放为界，可分为改革开放前30年和改革开放后30年两个阶段，而后一个阶段又以1990年北京亚运会为界再细分为前后两个阶段。在《筑五环基业，展华夏荣光：概述中国体育建筑的主要成绩和发展》[②]这篇文章中，新中国成立后的体育建筑的发展阶段被分为：起步阶段（1949～1966年）、滞缓阶段（1966～1978年）、发展阶段（1978～1990年）、提高阶段（1990～2001年）和飞跃阶段（2001年～现在）。而全运会比赛场馆阶段划分应考虑到改革开放之前我国体育建筑较少的现实情况。依据既有资料并结合其演化特征及现实情况进行划分，宜将1949～1978年作为全运会比赛场馆发展的起步阶段，起步阶段自然是有曲折反复之意，历经三年自然灾害且第三届全运会正处"文革"时期，但从全运会总体发展历程来说，也是从泥沼中走向发展。1979～1990年宜作为全运会场馆建设的发展阶段，1991～2000年为全运会场馆建设的提高阶段，2001年至今为飞跃阶段，在飞跃阶段中因北京奥运会的成功举办对体育事业影响巨大，奥运前后体育场馆建设也呈现出一定程度的演进，所以宜将这一阶段细分为奥运前期和奥运后期（表2-2）。

---

① 马国馨. 体育建筑一甲子［J］. 城市建筑，2010（11）：6-7.
② 建筑创作编辑部. 筑五环基业，展华夏荣光，概述中国体育建筑的主要成绩和发展［J］. 建筑创作，2008（8）：128-135.

新中国全运会举办情况 表2-2

届数	时间	主场馆	阶段
第一届	1959年9月13～10月3日	北京工人体育场	起步阶段
第二届	1965年9月11～28日	北京工人体育场	
第三届	1975年9月12～28日	北京工人体育场	
第四届	1979年9月15～30日	北京工人体育场	发展阶段
第五届	1983年9月18～10月1日	上海江湾体育场	
第六届	1987年11月20～12月5日	广州天河体育中心	
第七届	1993年8月15～24日、9月4～15日	北京工人体育场	提高阶段
第八届	1997年10月12～24日	上海体育中心	
第九届	2001年11月11～25日	广东奥林匹克体育中心	飞跃阶段
第十届	2005年10月12～23日	南京奥林匹克体育中心	
第十一届	2009年10月16～28日	济南奥林匹克体育中心	
第十二届	2013年8月31～9月12日	沈阳奥林匹克体育中心	
第十三届	2017年8月27～9月8日	天津奥林匹克体育中心	
第十四届	2021年9月15～27日	西安奥林匹克体育中心	

表格来源：作者自绘

2.1.2.1 起步阶段：第一届全运会到第三届全运会场馆建设

新中国成立后，各项事业百废待兴，体育在一定程度上起到了振奋民族精神的作用，在当时被赋予了强大的政治外交作用，成为展示国家实力的重要窗口。1951年5月，全国篮球、排球比赛在北京举行，这是中华人民共和国成立后我国举办的第一次全国性的比赛。1953年，全国各地市体委机构陆续成立起来，并组建了专业体育队伍。这一时期，我国尝试举办了一些全国性的体育比赛并获得成功。

1959年9月13日，第一届全国运动会在北京刚竣工的工人体育场召开（图2-5）。这座椭圆形体育场，是国庆十周年十大工程之一，是新中国成立后标准化最高的体育场，可容纳7万余名观众，同时也是第二届全运会到第四届全运会的主场馆（图2-6）。第一届全运会筹委会在资金匮乏和经验较少的情况下为了最大限度地节约经费，将一些北京承办有困难的项目放了外地。当时的北京除了为举办第一届全运会而建设的北京工人体育场，其余市内场馆没有一个达到天津市人民体育场馆的规模和水平，因此足球、篮球、排球的比赛由天津承办，武汉承担了赛艇的比赛，青岛成为航海、摩托艇的比赛场地，呼和浩特作为赛马项目的比赛场地。

第一届全运会举办前，我国的体育事业有一定的发展，但缺少大规模、规格较高的体育建筑建设经验。为了在新中国成立十周年之际成功举办第一届全国运动会，全国各大城市都在积极探索，建设大型体育场馆。虹口体育场（图2-7）始建于新中国成立前，于1951年改建竣工，是上海新建的第一座综合性体育场；1954年重庆体育馆竣工，该馆建筑面积2.76万平方米，因山势而建，采用传统建筑风格，砖石结构显得有力坚实；1955年建成的北京体育馆是北京的第一座功能齐全的专业

图2-5　第一届全运会开幕式演出
（图片来源：北京市档案馆资料）

图2-6　北京市工人体育场

图2-7　20世纪50年代的虹口体育场主看台外景
（图片来源：上海市体育局）

图2-8　20世纪50年代的北京体育馆
（图片来源：国家体育总局）

的体育建筑，由游泳馆、比赛馆及训练馆三馆组成，建筑面积3.37万平方米，设施完善，采用民族形式，体量处理较为厚实（图2-8）；而1956年建成的天津人民体育馆可以说是当时全国最一流的体育场所。

　　1965年第二届全运会前夕，可容纳1.5万观众的北京工人体育馆落成，成为当时规模最大的体育馆。而后相继建成了首都体育馆、浙江省人民体育馆和南宁体育馆以及上海体育馆等若干个设施完善、结构新颖的体育馆，加速了国内体育建筑的发展。

　　1975年第三届全运会举办时正值"文化大革命"时期，这一阶段总体来说体育发展较为迟缓，大型体育场馆建设也未有大的增加。但是因"乒乓外交"的卓越成效，体育建设相比其他行业还是取得了一定的发展，区级和社区级别的中小型体育场馆建设受到关注，例如上海徐汇游泳池、上海跳水池、南京五台山体育馆。这十年间体育建筑的建设规模、总体布局、场地交通组织以及场地景观设计总体延续新中国成立初期的趋势，同时，通过多年工程实践的基础以及借鉴国外的先进经验，我国也基本确立了体育建筑的研究体系和内容。

　　举办第一、二、三届全运会之时，我国经济实力较为欠缺，体育建筑规模较小。这一阶段无论是全运会比赛场馆还是其他体育建筑，都较为突出民族形式，这是在苏联的建筑理论与我国建筑传统风格的影响下结合产生的，成为当时流行的必然趋势。

2.1.2.2 发展阶段：第四届全运会到第六届全运会场馆建设

1978年党的十一届三中全会以后，在改革开放政策的指导下，全国经济水平飞速提升，人民的生活水平逐步提高，变革与发展体现在各个行业、各个方面。在国内赛事规模日益增大、赛事水平日益提高的背景下，举办体育比赛的城市也日益增多，较大地促进了中国体育建筑的建设与发展，除了建造数量上的明显增加外，在功能和造型方面也有了显著的进步，这一阶段中国举办了第四届到第六届全运会。

第四届全运会于1979年9月15日在北京工人体育场开幕，这是工人体育场第四次作为全运会的主场地，这时期的北京工人体育场建筑面积可达6.23万平方米，4层通高，二至四层都分别设有休息室、洗手间、餐饮小吃空间及俱乐部，是"多元发展""全方位服务"先进理念形成的雏形。工人体育场立面实墙与玻璃窗相互协调，造型简洁大方（图2-9）。这届全运会作为"拨乱反正"后的一届全运会，规格较高，当年围棋比赛是在位于天安门的劳动人民文化宫进行的，其他分赛场设施也属当时一流。

第五届全运会举办前夕，全国人民对体育运动和比赛的热情空前高涨。1983年9月18日，五运会在上海江湾体育场（图2-10）开幕，这届全运会对上海体育设施建设意义重大，为上海体育建设提供了充足的动力。上海采取了场馆改造与新建并举的方式，共有26个体育场馆为第五届全运会服务，赛后还将大量的体育场馆向公众开放，1983年可以说是上海体育建筑的重要节点。其中，1983年新建的上海游泳馆（图2-11）和始建于新中国成立前、后经几轮改建升级的上海虹口体育场（图2-12）都是举办第五届全运会的重要体育场馆。

为迎接1987年11月举办的第六届全国运动会，广东省新建场馆44个，扩建场馆56个。第六届全运会比赛期间使用的比赛场馆大多分布在广州市。广州成为除北京、上海以外第三个主办全运会的城市。广州天河体育中心作为第六届全运会的主场馆，用地面积54.5公顷，包括一个6万座的体育场、一个8000座的体育馆和一个3000座的游泳馆以及其他场地与附属建筑，其"品"字形的布局特点对我国体育建筑产生了很大的影响。同时，它是国内第一个规划与建设同步进行的体育中心，也是全运会场馆带动中心区发展的优秀案例。天河体育中心建成时，具有20世纪80年代国际体育设施水平，符合国际体育竞赛要求。但六运会前后国内所建成的其他体育馆与体育中心相比，用地规模都很小，如1982年落成的上海黄浦体育馆占地仅0.58公顷，场地内还包括一座可容纳4500名观众的体

图2-9 北京工人体育场外立面

图2-10 上海江湾体育场

图2-11　上海市游泳馆

图2-12　上海虹口体育场

育馆和练习馆、运动员宿舍和食堂等辅助设施；1985年落成的西藏体育馆占地1.8公顷；1988年在北京落成的石景山体育馆、朝阳体育馆、地坛体育馆和月坛体育馆的用地面积分别为1.7公顷、2.17公顷、1.14公顷和1.08公顷。

这一阶段，虽然体育建筑在总体布局上依然是以轴线对称为主，但是在建筑形体和组合方式上有了创新的变化，如总平面流线的组织上，依然以通过场地不同出入口来组织流线，但是对车流的分离更加重视，并在布局上留出了一些停车场地。而第四届到第六届全运会比赛场馆设计已经逐步由建筑单体的范畴过渡到体育中心功能组合方向，成为体育建筑与城市发展结合考虑的设计萌芽。这一时期，我国体育建筑的建设水平进步较快，功能类型有所丰富，规模设施更加完善，并拓展至区域和城市的范畴。

2.1.2.3　提高阶段：第七届全运会、第八届全运会场馆建设

1990年北京亚运会之后，我国的社会和经济继续稳定发展，强身健体这一观念普遍深入民心，广大人民群众对体育建筑的要求不仅局限于举办体育比赛，而是期望体育场馆能适应市民更多休闲娱乐的需求。体育产业开始向群众体育与竞技体育相结合的战略方向转移，并逐渐走向社会化、产业化和职业化。这一阶段的全运会比赛场馆建筑设计也开始注重配套商业、休闲和娱乐等设施，体育中心也更加注重景观环境的营造，奥林匹克体育公园在国内顺势而生，其目的是更好地满足大众健身的需求。

1993年9月，第七届全国运动会由北京市主办，河北省秦皇岛市和四川省协办。第七届全运会与第六届全运会相隔了六年，这届全运会也是我国第一次把全运会放在奥运会之后一年举办的全运会，并在此后成为惯例（以前几届都是在奥运会之前一年举办全运会）。七运会开幕式重回北京工人体育场举行，这也是北京工人体育场第五次承办全国运动会开幕式。这届全运会也是北京市继亚运会之后，承办的又一次重大的体育盛会。七运会比赛场馆以亚运会场馆为主，这些场馆设备条件较好，功能比较齐全，完全符合七运会比赛要求。除了北京工人体育场以外，石景山体育场作为七运会的足球比赛场（图2-13），朝阳体育馆作为拳击和手球比赛场馆（图2-14），地坛体育馆作为举重比赛场馆。七运会同时期建成的著名体育馆还有1990年建成的北京北郊体育中心以及1995年落成的黑龙江速滑馆。北郊体育中心（现北京国家奥林匹克体育中心）是这个时期建成的用地规模最大的

体育建筑，当时的规划是按照现阶段满足举办亚运会、将来举办奥运会的基本原则设计的，规格较高。北郊体育中心总用地面积120公顷，其中北部66公顷为亚运会体育中心的建设用地，它在群体造型、空间处理、交通组织、人车分流、无障碍设施等方面的设计都有了进一步的拓展[①]，可代表七运会这一时段体育建筑最高建设水平（图2-15）。

1997年，上海市在全国八运会体育中心建设时投资56亿人民币。上海体育场作为八运会的开幕式场地（图2-16），占地36公顷，同时期的成都市体育场和天津体育馆用地面积分别为不足9公顷和12.3公顷，其余体育建筑的规模则更小，陕西省汉中市体育馆用地面积4.5公顷，南京市龙江体育馆用地面积仅1.58公顷。上海体育场所在的上海体育中心从建设周期上来看是分为两个阶段建成的，体育中心包括一座体育馆、一座体育场和游泳馆。体育馆于1970年代就建造完成，而体育场则在1997年建成，两者的中心间距为365米，在体育场的设计中，以一条贯穿东西的主轴线来统一建筑，让新旧两座建筑有所呼应。除了上海体育场以外，同年竣工的浦东游泳馆作为比赛场馆之一，也为八运会成功举办作出了巨大贡献。1999年在原虹口体育场场址新落成的虹口足球场是八运会后国内落成为数不多的大型体育中心之一，也是我国第一座专业足球场，建成后对周边有较强的辐射带动作用。这一时段新建体育场馆主要以中小型场馆为主，体育建筑的优秀代表如天津体育馆、南京市龙江体育馆和陕西汉中市体育馆等。

图2-13　北京市石景山体育场
（图片来源：https://image.baidu.com/search/）

图2-14　北京市朝阳体育馆
（图片来源：https://image.baidu.com/search/）

图2-15　北京北郊体育中心
（图片来源：http://sports.sina.com.cn/）

图2-16　上海体育场

① 汪奋强. 基于可持续性的体育建筑设计策略研究［D］. 广州：华南理工大学，2014.

2.1.2.4　飞跃阶段：第九届全运会到第十四届全运会场馆建设

（1）奥运前期：第九届全运会到第十届全运会场馆建设

进入21世纪，我国国民经济腾飞迅速，国际地位也日益提高。这个时期中国体育事业伴随着改革开放的持续深入进入了一个崭新的阶段，越来越多的国际赛事在国内举办。奥运会前夕，我国相继出台了《奥运争光计划》和《全民健身计划纲要》，这个阶段新建体育场馆规模扩大了许多，建设采用国际标准，场地内所包含的建筑功能更加完整，出现了国际合作设计的模式。国内举办了第九届、第十届全运会，这两届全运会的主要目标由"体育强国"逐步过渡到竞技体育与全民健身协调发展。

2001年11月，第九届全运会在广州举办，这届全运会涌现了一批中外合作完成的体育建筑作品，优秀的代表项目有中美合作设计的广东奥林匹克中心以及中法合作建设的广州新体育馆。广东奥林匹克中心作为第九届全运会主会场，占地面积约100公顷，由于在建设时采用了较高的规格，所以在2010年亚运会也继续作为比赛场馆使用。广东奥体中心功能齐备，包括比赛场馆区、体育发展区、行政服务区和后勤宿舍区，在当时也是集商业演出、旅游、餐饮、会展、全民健身于一体的综合性体育公园。这个阶段体育建筑的总体空间布局的形式更加自由和多样化，在布局的设计上与建筑形体的结合更加紧密。广东奥体中心总体布局与体育场的造型一脉相承（图2-17），体育场看台顶棚呈飘带状，在总平面上可以看到这条"飘带"得到了延续，与景观湖面联系在一起，布局自由，

流线感很强，一条斜向的轴线贯穿了场地，轴线的一侧是人工湖，另一侧则是体育场馆建筑组群。广州新体育馆是九运会的体操、排球比赛和闭幕式的举办场地（图2-18），其设计方为法国ADP公司。新体育馆基地依照功能分为东西两区，东区为主功能区，三个主要馆体呈梭形沿山势弧形排列，圆形的行政办公楼和停车场位于馆体西面，通过廊道与主体连接。主馆端头处设入口广场，主馆与训练馆交接处设圆形主广场，训练馆与大众馆交接处为餐厅，停车场南面设多功能停车场。西区包括半圆形放射状的运动员村和

图2-17　广东奥林匹克体育场

（图片来源：广州市规划局新城市，新生活[M]．天津：天津大学出版社，2011：223．）

图2-18　广州新体育馆

（图片来源：广州市设计院）

一个公用室外停车场，布局紧凑合理。

2005年10月，第十届全运会在南京举办，主会场南京奥体中心用地面积达89.6公顷。南京奥体中心设计的目标是将国际水准的体育设施整合在一个大众休闲娱乐的公园内，奥体中心包括一个体育场、一个体育馆、一个奥运会标准水上中心、一个拥有20片球场的网球中心、冰球室外场地、棒球和篮球设施，以及一座代表世界最先进水平的媒体科技中心。体育场位于场地的中央，场地内其他的体育建筑沿体育场分散布置，场地的东南侧是一大片集中的广场，布局紧凑。南京奥林匹克体育中心在设计时的定位是河西的城市花园，奥体中心的建设可以带动周边商业、交通、文化娱乐和住宅区的发展，设计特别重视将人的尺度与规模宏大的体育公园相结合，为周围居民提供休闲好去处，为河西次中心的发展奠定良好的基础。

这一时期建成的体育建筑多为大中型体育中心，如广东奥林匹克中心、南京奥林匹克中心、合肥奥林匹克中心和北京奥林匹克公园等；也有一些规格较高的体育馆建筑，如广州新体育馆和广东惠州体育馆；此外，还有一些为举办2008年奥运会而建的高校体育馆，例如北京大学体育馆、北京工业大学体育馆和中国农业大学体育馆等。这一时期体育建筑的多功能利用是备受关注的问题，出现了体育与会展、商演紧密结合的经营模式，并被广泛应用。

（2）奥运后期：第十一届全运会到第十四届全运会场馆建设

2008年北京奥运会成功举办，标志着我国体育事业进入一个新的阶段。一大批大型体育建筑拔地而起，体育建筑领域国际招标及合作开始增加，这也促进了我国体育建筑设计水平与国际接轨，不管是造型、结构、技术还是材料都紧跟先进步伐。在这个时期建成的体育中心，都具备极高的水准，例如2009年第十一届全运会开闭幕式主场馆济南奥林匹克体育中心、2010年广州亚运会和2011年深圳世界大学生运动会场馆，随后又有一批个性鲜明、结构新颖的体育建筑在中国南方落成，如深圳大运会体育中心、南沙体育馆。2013年、2017年分别在沈阳、天津举办了第十二届全运会和第十三届全运会。这一时期，由于社会的开放和经济的进步，人们对体育建筑休闲娱乐的要求更高了，所以这个阶段体育建筑的设计更加重视对城市的开放性和建筑的复合化运营，可持续发展观在这一领域也逐渐被重视起来。

第十一届全运会主场馆济南奥林匹克体育中心（图2-19），占地面积达到81公顷，总建筑面积35万平方米。奥体中心包括一个5.7万座的体育场（图2-20）、一个1.2万座的体育馆、一个4000座的游泳

图2-19 济南奥体中心体育场1
（图片来源：济南市体育局）

图2-20 济南奥体中心体育场2

馆和一个4000座的网球馆。奥体中心利用传统的轴线对称形式组织总平面布局，基地被一条宽敞的景观大道分为东西两个地块。西侧是体育场，东侧是由体育馆、游泳馆和网球馆组成的建筑群，在总平面上呈现出对称和稳定的布局。

辽宁省为举办2013年第十二届全运会，新建场馆17个，改造场馆23个。沈阳作为第十二届运动会的主赛区，共承担19个大项、22个分项的比赛任务。沈阳奥体中心（图2-21）占地53.59公顷，总建筑面积约26万平方米，包括6万座的主体育场、1万座的综合体育馆、3000座的游泳馆和3000座的网球馆。大连市体育中心（图2-22）是第十二届全运会闭幕式的举办场所，其规划总占地面积80公顷，包括主体育场、体育馆、游泳馆、网球中心、棒球场及大连市体育训练基地。

天津为举办2017年第十三届全运会，在利用11个现有场馆的基础上，提升改造场馆15个，新建场馆21个。天津奥林匹克中心体育场（图2-23）是比赛场地反复利用的典范，该体育场于2007年落成，全运会举办前期通过对接待区、主席台、公共空间、场地草坪的整体提升改造作为此届全运会开幕式举办场地以及田径等项目的主赛场。天津奥体中心体育场占地7.8万平方米，承办过女足世界杯、北京奥运会足球比赛、东亚运动会田径比赛等重要国际赛事。体育场傍水而建、依水而生，被天津市民亲切地称为"水滴"，寓意敢于拼搏的体育精神，在设计理念上因地制宜，巧妙地将建筑形态构成线条流畅、富有张力的水滴，点落在清澈如镜的碧波之中，将建筑艺术和现代科技完美结合，充分展现了天津的地域文化

图2-21　沈阳奥体中心
（图片来源：http://www.quanjing.com）

图2-22　大连市体育中心
（图片来源：http://sports.163.com）

图2-23　天津奥林匹克中心体育场
（图片来源：http://ty.ti.gov.cn/）

和时代风貌，成为全国独具特色的水上城市体育中心。"水滴"除了满足国内外足球、田径比赛和大型演出外，还设置了集体育产业、康体健身、娱乐、购物等功能于一体的经营用房，通过"以场养场"方式，解决了场馆后期运营管理方面的经济负担。

2021年9月15日，第十四届全运会在西安举办。主会场西安奥林匹克体育中心总建筑面积57.5万平方米，总用地73公顷，坐落于灞河之畔，由"一场两馆"（体育场、体育馆、游泳跳水馆）三座主体建筑构成，是国际标准的体育中心。西安奥林匹克体育中心以"森林公园+体育中心"的设计定

图2-24　西安奥林匹克体育中心

（图片来源：https://view.inews.qq.com/a/20210903A05B1U00）

位，生态为底、以人为本的设计策略，打造了一个开放多元的城市空间，彰显了城市形象。西安奥林匹克体育中心也是一座生态、开放、多元的城市公园，基地在空间结构上契合了城市轴线，以中轴为主导，横贯东西，形成古城文化背景下特有的空间仪式感；以森林公园为整体基调，继承区域格局中山水的对话关系，衔接灞水，融于山、水、城之中，形成水体、公园、城市一脉相承、层层递进的景观序列，也奠定了城市轴线城绿相融的基调（图2-24）。

同时期大型体育中心有多个占地面积达到80公顷以上，代表性的有贵阳奥林匹克中心和深圳大运会体育中心。贵阳奥林匹克中心占地面积约为114公顷，基地内包括主体育场、体育馆、游泳跳水馆、网球中心、体育宾馆、运动员公寓、新闻中心、训练馆及各类训练场地。深圳大运会体育中心是2011年深圳世界大学生运动会的主会场，占地面积约87.4公顷，总建筑面积8.7万平方米，包括一个6万座的体育场、一个1.8万座的体育馆和一个3000座的游泳馆。这一时期也建成了一些中等规模用地的体育建筑，如深圳湾体育中心定位为区级体育设施，规模相对较小，占地30.8公顷，总建筑面积32.6万平方米，场地内包括2万座的体育场、1.3万座的体育馆、650座的游泳馆、运动员接待中心、体育主题公园以及商业运营场所。位于内蒙古鄂尔多斯的东胜体育馆用地近50公顷，总建筑面积约10万平方米，包括一场两馆和商业设施若干。杭州奥林匹克中心占地约40公顷，基地内除了一个体育场和一个室外网球场，还有商业娱乐设施如商店、饭店和电影院。广州南沙体育中心用地约42.2公顷，其中南沙体育馆是2010年广州亚运会武术比赛的场馆，总建筑面积三万多平方米，拥有座位8000多个。南沙体育中心分为两个建设周期，一期工程为南沙体育馆和场地内的道路、停车场和景观等，二期为一个2万座的体育场、游泳中心和其他配套设施。

新中国成立后的全运会场馆演化特征由中小型体育馆到大型体育中心，建设热点逐步从一线城市扩展至二线城市，从大中城市向中小城市延伸，从竞技型场馆向群众体育场馆靠拢。其演化动因与随着社会发展所带来的交通上的改变、市民参与观看比赛的兴趣的变化等一些辅助因素密切相关，体育赛事的规模也直接影响到了体育场馆的占地面积，比赛的等级决定了参赛人数和观赛人数。第一届全国运动会于1959年9月在北京举办，这是新中国成立以来举办的第一次大型综合性体育赛事，共有比赛项目36项，主场馆占地34公顷，总建筑面积8.7万平方米，可容纳六万人观看比赛；1987年11月在广东举办的第六届全运会，共设44个项目，为举办这届全运会而建造的广州天河体育中心，占地54.54公顷，总建筑面积24.73万平方米；到2009年10月在山东举办的第十一届运动会时，有33个大项，赛事规模创历史新高，其主赛场济南奥林匹克中心，总占地面积达220公顷，总建筑面积35万平方米。在规模上明显的变化，一方面是因为我国经济的发展和国力的强大，另一方面也是因所举办的体育赛事规模的壮大，需要更大型、综合的体育建筑。全运会比赛场馆总体趋势是投入不断加大，提高场馆的利用率、实现场馆可持续发展迫在眉睫。

2.2　当前我国全运会比赛场馆建设特点

自新中国成立后的第一届全运会开始，就揭开了体育场馆在我国蓬勃建设发展的帷幕。我国体育场馆建设起步较晚，发展时间并不算长，但总数已经跃居世界前列，可称得上是后起之秀，全运会的促进作用功不可没。历经七十余载，我国已经成功举办了十四届全国运动会。近年来，随着奥运会和大运会等国际赛事举办完成，北上广等一线城市大中型竞技类体育设施的建设基本完善，部分强省也具备举办全运会的实力，强省及省会城市的体育设施成为建设重点。当前全运会比赛场馆建设趋势和特点更加鲜明，设计中不再只着眼于空间高、跨度大、造型出挑的特点，更追求功能定位合理、智能技术和可持续设计理念在体育场馆中的运用。

2.2.1　注重群众健身需求

随着物质生活水平的提高，群众日益增长的体育健身需求与开放性专业体育设施缺乏之间的矛盾日益突出。为响应政府号召，当前全运会比赛场馆设计及建设应以赛时搞好竞技体育、赛后满足群众体育健身的需求为出发点，与之前相比更加强调赛后群众参与性，而非以营造竞技体育环境为首要目的。

2.2.2　注重合理的功能定位

全运会比赛场馆建设投资巨大，目前全运会场馆建设更加注重合理功能定位，多采用弹性的功能定位方法，即在建设前按照赛后的规模及功能需求定位，但预留一定空间，可在赛前通过简易的改造使其达到某类比赛要求的可能性，以满足效益最大化。

2.2.3　注重运用先进的技术

比赛场馆在大跨度空间上一次次地创造着奇迹，外部造型令人耳目一新。通过技术手段，能够突破自然气候因素的局限，提高体育场馆的使用效率。自然风、光的利用，太阳能的利用，空调气流的组织以及通过设施的灵活应用来实现可变的观众席布局方式，场地的材质因比赛项目的转化而在短时间内更换等。这些功能的实现都是与先进技术的发展密切相关的。这些先进技术的应用和普及，为比赛场馆增添了吸引力，同时促进了体育事业的发展。

2.2.4   注重场馆的可持续发展

功能可持续发展观是以梅季魁先生为代表的一批学者在20世纪90年代末基于体育馆发展使用的动态发展观提出的一个理念。该理念着眼于长期的发展，以动态开放的空间体系应对外部世界的不断变化的动态使用需求，使确定性强的因素（如基本的空间骨架、固定设施设备等）具有优化的综合布局，不对可变部分造成束缚；使确定性弱的因素（如看台、舞台、地面、屋盖、隔断等）相互作用形成一套弹性的调节体系，使体育馆具有更大的使用灵活性，不仅满足目前的使用要求，也可以适应未来的功能动态发展的要求。

2.3   当前我国全运会场馆使用问题

2.3.1   建设投入高，收益低

全运会场馆的建设规模在某种程度上决定了场馆的建设成本，建设成本又随着整个场馆的容量提升呈现指数式增长。不仅如此，过高的场馆容量带来的是巨大的运营成本消耗，在体育赛制并不成熟的地区，由于体育娱乐活动受众有限，很难使场馆得到充分的使用，体制机制陈旧、发展动力不足、业务模式单一、产业链单薄、没有成熟的体系化运营模式等问题造成建设规模与实际需求严重脱节。以鲁能比赛主场济南奥体中心体育场为例，赛时上座率并不高，而我国全运会比赛场馆动辄五六万人的容量，确实太过浪费，由于其巨大的规模以及特殊的结构形制，加之场中座席多为固定永久座席，导致场馆的预算超支的现象多有发生。后期伴随着总需求急剧下降以及投资活动出现的萎靡现象，体育场馆将会利用不足或者干脆闲置，那些与体育相关的产业也将连带出现衰退和萎缩的现象，这一现象在奥运会后常被称为"后奥运低估效应"，国内较为普遍的是"后全运低估效应"，从本质上来讲，这种效应是建设规模过高、投入高的体现。

2.3.2   "建与养"矛盾突出

通过举办全运会，主办城市可逐步完善自身的体育设施，利于城市发展。但全运会比赛场馆的投资规模大，日常维护费用过高，回收期也较长，加之建筑设计、规划和功能等多方面因素的制约，导致其赛后经营状况不理想，部分场馆入不敷出，亏损严重，社会和个人资金都无法承担其中的风险。这就造成了体育比赛场馆在赛后利用方面，依靠国家和地方政府的维护和管理，没有自负盈亏的动力和紧迫感。再有全运会比赛场馆多采用的是"事业单位建制，企业化管理"，场馆享受财政拨款，场馆工作人员也是事业单位编制。国内许多体育场馆的运营模式还是大部分依赖于租金收入，比赛的举办次数和规模不容乐观，加之场馆功能相对比较单一，整个开发运营模式还没有形成成熟的产业链，导致很多场馆都因赛后的维护而长期亏损。

2.3.3   忽视大众需求

二线省会城市都是第一次举办全运会这类大型体育赛事，避免不了对场馆建设和运营经验的不足，所以对场馆的建设和规划不够周全，尤其对场馆赛后利用和需求考虑不足，将赛后利用和场馆

建设完全脱离，使得建设的费用超出预算不说，赛后的使用效率也不能令人满意。目前，虽然国内一线城市的城市水平和体育设施的建设都比较完善，已经基本可以满足市民日常的锻炼需求。但是全运会这类大型体育赛事举办标准较高，筹备时间较长，举办时间短，这样易造成大量的体育场馆和设施在赛后闲置和利用率不高的情况。然而申办体育赛事的国家或者城市，往往在乎的是怎样才能获得举办权，从而可以满足自己在政治、经济和文化方面的扩张，这样就不得不挥金如土，盲目建造城市地标性的人文景观和标志建筑，以树立其城市形象。而且在获得举办权后，为了保证赛事的迅捷进行，缩短运动员的往返距离，大型体育场馆的位置较多选择了远离城市中心的区域，并没有充分考虑赛后市民使用的方便性。

2.3.4　赛后维护长期亏损

目前许多全运会场馆积极向市场经济体制转轨，借助优越的区位优势，开展多种活动，经营状况有了较大改观，但主要依靠的仍是政府财政拨款和上级补助。以往体育建筑的盈利只能来自体育比赛的门票出售，大型庆典、大型演艺活动场地租赁等方面，但是相比于体育建筑大量的开销来讲只能是杯水车薪。据统计，体育场馆需要每年（365天计算）有2/3的时间满负荷运营才能达到收支平衡，因此体育场的适用范围和频率是一个体育建筑日常运营的关键。以第十届全运会主场馆南京奥体中心为例，该场馆只要对外开放，其年运营成本就要3000万，水、电、气、热维护，加上新旧固定资产等费用，一年的支出就要近1亿人民币。在我国体育产业结构当中，运营占比约为2%，按照2020年我国30000亿元的体育市场规模计算，我国场馆运营的总收入约为371.51亿元，该收入水平与我国在体育场馆支持方面的比重严重失衡，造成大量的财政赤字。统计数据显示，我国的大型国有体育场馆中对外开放的仅仅占到35%，这也导致了我国体育场存在"大量闲置与严重不足的社会问题"[①]。

2.3.5　附属空间利用不充分

造成体育场馆附属空间使用效率较低的主要原因有：结构间距小，赛后利用可拓展性较小；各功能分区齐全但整体档次不高，高水平的赛事承接能力受限；附属功能用房智能化不够，赛后利用改造费用昂贵。国内很多体育场馆的附属空间除了比赛必须使用的运动员用房、更衣淋浴用房、卫生间、办公室、机房等，其他附属用房大多时候都处于闲置状态。而这些必须使用的房间也只是在数量有限的比赛活动期间使用，没有活动时，附属用房也都是空置。这种现象不仅浪费了大好的附属空间的有效资源，不利于场馆的可持续发展，而且也丧失了附属空间为社会的经济发展创造价值的责任。

2.3.6　对乡镇级体育设施建设带动作用不明显

举办全运会的目的是鼓励和带动全民投入到体育事业的建设与发展中来，全民健身活动的普及是全运会比赛场馆赛后利用的重要目标之一。因全运会比赛场馆大多位于城市，对市民的惠及力度

---

① 单玉霞. 承办第十四届全运会背景下西安市体育设施建设与城市发展互动的探讨［J］. 体育世界，2016（9）：43-47.

远比乡镇居民的力度大。2014年，国务院发布《关于加快发展体育产业促进体育消费的若干意见》，明确提出推进实施农民体育健身工程，在乡镇、行政村实现公共体育健身设施100%全覆盖。从近几年乡镇居民人均体育公共服务面积上看，体育公共服务设施年增长率虽然呈现上升趋势，但与城市居民特别是一、二线城市居民相比，相距甚远。乡镇级体育设施的建设目前还是以学校场地、县文体活动中心以及乡镇简易的篮球场、活动场地为主。乡镇居民的体育场地和体育设施仍需全运会比赛建设积极带动，亟需进一步丰富。

2.4　本章小结

本章从时间维度回顾了我国全运会比赛场馆发展历程，在历史脉络梳理和现状发展特点的基础上，对当前我国全运会比赛场馆建设的趋势、特点和使用现状进行剖析，进一步论述了现阶段比赛场馆在可持续发展层面面临的主要问题，并对其进行了分析。

|第三章| 基于城市发展背景下第十一届全运会比赛场馆的可持续探求

3.1 第十一届全运会比赛场馆总体情况概述

前九届全运会由北京、上海、广东三地轮流举办，2000年国务院办公厅正式发布了《关于取消全国运动会由北京、上海、广东轮流举办限制的函》，而后确定了第十届全运会由江苏省承办。山东承办的第十一届全运会是取消限制后的第二届全运会。2004年山东成立申办第十一届全运会领导小组，同年向国家体育总局递交申办报告，2005年国务院正式复函国家体育总局，同意山东省承办2009年第十一届全运会。第十一届全运会由济南市主办，多个城市联合承办，对于山东省体育事业和体育产业全面发展有着重要意义。

山东省2004年体育产业总产值仅为48.07亿元，约占第三产业的0.89%，低于当年全国的平均水平[①]。但是省会济南市的体育产业却很繁荣，济南市是山东省体育氛围最浓、体育产业最高的城市。1993年山东泰山足球俱乐部在济南成立，成立后球队迅速成长为联赛热门，良好的赛事组织是球队发展的基础，为申办全运会积累了一定的经验。另一方面，济南自2000年成功举办全国古典式摔跤锦标赛以来，又成功承办了全国乒乓球锦标赛、国际铅球邀请赛、"亚洲杯"足球赛等国内外重大赛事十余项。

第十一届全运会是2008年北京奥运会后的全运会，备受瞩目。对于济南市来说，第十一届全运会是一次体育盛会，更是一次对外展示济南的机会。为筹办第十一届全运会，在市政设施方面，济南市政府投资6.6亿元部署济南市奥体中心及周边设施配套工程，新建章丘电厂来增加城市的电力供给能力，在小清河集中布置一批污水处理厂，保障污水处理能力，改善小清河的水质；在旧城更新方面，投资约120亿对奥体中心周边及市区重点地段的30多个片区进行改造，成功搬迁安置约2.5万居民；在交通方面，翻修历山路、山大路等重要路段，新建奥体中路、奥体西路等多条主干道，新开通多条BRT快速公交，保障公共交通运营能力；在城市形象方面，对大明湖进行全面扩建升级，全面拆除周边违法建筑。另外，对护城河进行疏浚连通工程，实现护城河通航的目标。除此之外，第十一届全运会还首次在主场馆周边配套全运村建设，将体育设施建设与城市建设有机结合，以济南奥体中心为核心，着力打造东部新城，投资50亿元修建全民健身工程，促进了群众体育事业的发展。全运会使山东站上了一个新的历史舞台，展现了山东的经济实力和良好形象，为山东的发展提供了重要机遇，也为"好客山东"品牌注入了强大的人文力量，极大地提高了山东的软实力。主办城市济南在区域经济快速发展和国家发展战略的带动下，提升自身服务功能，参与区域经济互动与产业分工，形成良好区域合作关系，对周边地区的辐射与带动作用不断增强。

3.1.1 经济与财政状况

改革开放以来，山东省经济一直持续、快速、健康发展，国民经济主要指标居全国前列。2003

---

① 栾风岩. 山东省"十一五"体育产业发展战略研究［D］. 济南：山东大学，2006.

年，全省实现国内生产总值1.24万亿元，是全国国内生产总值超过万亿元的三个省份之一①，比上年增长13.7%，是山东省连续第十三年经济实现两位数增长。地方财政实现宏伟目标，全省上下形成了解放思想、干事创业、加快发展的浓厚氛围，经济和社会态势良好，因此山东省承办第十一届全国运动会，有坚实的财政保障。

3.1.2 食宿与接待能力

截至2003年，全省旅游饭店达558家、床位12.2万张，其中星级饭店475家、床位9.5万张。济南市旅游饭店123多家、床位17300个，其中星级饭店65家、客房7010多个。青岛星级酒店达90家，淄博、烟台、潍坊、威海、泰安、日照、滨州等城市都有很强的接待能力，山东省完全具备承办全运会的接待能力。

3.1.3 气候适宜

山东属于暖温带半湿润季风型气候区，气候温和、四季分明。全省年平均气温11～14℃，年平均降水量550～950毫米，无霜期沿海地区180天以上、内陆地区120天以上②。9～10月份，山东在大陆气团的影响下，有着气温适宜、秋高气爽的好天气。10月中上旬平均气温多在18～20℃之间，气候条件非常适宜举办大型体育赛事。

3.1.4 赛制与场馆设置

第十一届全国运动会共设33个大项、360个小项，全国31个省（市、区）以及解放军、新疆生产建设兵团、香港特别行政区、澳门特别行政区、11个体育协会的46个代表团参加。参赛运动员达1.2万人，裁判员近4000人，教练员约3500人，加上竞赛委员会、十一运组委会、国家体育总局等竞赛官员和前来采访赛会的近4000名媒体记者，第十一届全运会的参会人数总规模达到4万人。按照十一运组委会安排，济南赛区承办23项赛事，12项为决赛项目。

第十一届全运会共需场馆130个，其中比赛场馆65个，训练场馆65个。按照举省一致办全运的原则，2007年10月山东省政府与17个市政府签订了《中华人民共和国第十一届运动会委托承办工作责任书》，全省新建比赛训练场馆42个，维修改造88个（表3-1）。

山东省协办城市第十一届全运会比赛项目场馆体育赛事一览表　　　　　表3-1

体育场馆名称	比赛项目	观众座席数量	建筑面积
青岛市体育馆	乒乓球（2009年9月24～10月2日）、羽毛球（2009年10月8～18日）比赛	12500个	62743平方米
青岛市游泳跳水馆	花样游泳（2009年10月17～20日）比赛	3072个	44848平方米

---

① 丁兵，于承. 圣火在齐鲁大地燃起 [J]. 走向世界，2006（11）：30-32.
② 山东省情省况. http://wenku.baidu.cn.

续表

体育场馆名称	比赛项目	观众座席数量	建筑面积
青岛市天泰体育场	男子足球小组赛、1/4决赛（2009年7月22~28日），女子足球小组赛、1/4决赛、1~4名决赛（2009年10月17~27日）	20852个	8200平方米
中国海洋大学体育馆	女子篮球1~8名决赛（2009年10月16~18日）	4145个	21520平方米
日照水上运动基地	帆板（2009年10月17~25日）、皮划艇（2009年10月24~27日）、赛艇（2009年10月15~20日）、激流回旋（2009年10月17~20日）比赛项目	—	—
滕州奥体中心体育场	女子足球小组赛和9~12名决赛（2009年10月17~25日）	30000座	34732平方米
滕州奥林匹克中心体育馆	跆拳道比赛（2009年9月9~12日）	5000座	13966平方米
滨州奥林匹克公园体育馆	柔道（2009年10月20~23日）、武术套路（2009年10月12~14日）项目	5000固定座席和2000活动座席	—
中国石油大学东营校区体育馆	女子排球小组赛（2009年10月3~7日）	5167座	13680平方米
烟台体育公园	包括中心体育场、田径练习场、多功能体育馆、游泳跳水馆、综合训练馆、网球场馆、卡丁车练习场、射击场、射箭馆、水上世界、草皮足球场、高尔夫练习场、海上运动中心等设施，现代五项（2009年10月23~27日）和女子篮球小组赛（2009年10月10~14日）	—	占地面积120.48公顷
威海荣成市文化体育中心	女子足球（U18）小组赛、1~4名决赛（2009年10月6~14日）	30000座	总建筑面积8.86万平方米
潍坊奥体中心体育场	女子足球小组赛、1/4决赛、5~8名决赛（2009年10月17~27日）	45000座	总建筑面积7.8万平方米
淄博市体育中心	设4.5万座体育场、6000座综合体育馆和2000座游泳跳水馆各一座，男子足球小组赛、1/4决赛、5~8名决赛（2009年7月22~8月1日），以及男子足球（U16）小组赛、1/4决赛、5~8名决赛（2009年10月16~26日）	45000座	—
德州市体育馆	艺术体操（2009年10月17~20日）、男子篮球9~12名决赛（2009年10月26~27日）	—	—
聊城市体育馆（位于聊城大学东校区）	男子篮球小组赛（2009年10月20~24日）的比赛项目	4972座	16854平方米

续表

体育场馆名称	比赛项目	观众座席数量	建筑面积
泰安市泰山体育场	男子足球（U16）小组赛和9~12名决赛（2009年10月16~24日）以及男子足球小组赛和9~12名决赛（2009年7月22~30日）	32000座	1994年建成了标准的天然草坪足球场
临沂市体育馆	女子篮球小组赛（2009年10月10~14日）	4000座	—
济宁市体育馆	男子篮球小组赛（2009年10月20~24日）	3000座	15000平方米
菏泽市演武楼	武术散打（2009年10月14~17日）比赛	5006座	18698平方米

表格来源：作者根据山东体育学院馆藏资料整理绘制

3.2　第十一届全运会比赛场馆发展特征

第十一届全运会建设的巨额投资将以什么形式物化于城市之中，是全运会建设模式问题。几十亿元的投资，因不同的场馆战略对策、不同的规划模式选择，结果不仅在经济效益上会有所差异，而且在社会效益、生态环境效益方面可能会有更大的差异。体育场馆实现长足发展不应只考虑赛时需求，更应考虑城市本身的需求，将其长期、有计划地纳入到城市总体发展规划之中。从城市规划学的基本原理出发，规划宜将比赛场馆在全省层面分散布局，使省内每个城市都有全运会比赛场馆，有利于均衡体育资源。第十一届全运会达成目标之一是建成一个层次构成合理、数量比例适宜的城市体育设施系统。

3.2.1　全省"分散化"布局

第十一届全运会按照举省一致办全运的原则，比赛项目承办地以济南为主、省内多个地级市共同承办（图3-1，表3-2）。山东省委常委扩大会议研究决定，在济南市新城规划建设占地133公顷的奥林匹克中心，主要包括6万人以上的体育场、1万人以上的体育馆、4000座主网球场和12片网球场地的网球中心及新闻发布中心，于2004年春节后开工建设。2004年又投资4亿元对省体育中心进行全面改造，场馆面貌焕然一新；青岛市改造升级了奥帆基地、国信万人体育馆，新建了游泳跳水馆；全运会前，烟台市体育公园已初具规模，新建了综合体育馆、游泳跳水馆、全民健身馆；在日照投资8亿元建设了体育场、标准自行车赛场，以及皮划艇、帆船、帆板等项目的训练比赛设施；在地方政府的领导下，威海、潍坊、淄博、滨州、济宁、德州、泰安、枣庄等市也掀起了一个加快体育设施建设的热潮（表3-3）。这届全运会体现出了场馆分布广泛、分散，建设水平理性、高质的特征，方便调动一切有利因素，使之能产生一定的使用价值，产生一定的社会效益，带动周边地区的开发建设，使山东省各个城市体育设施得以较为均衡地发展。

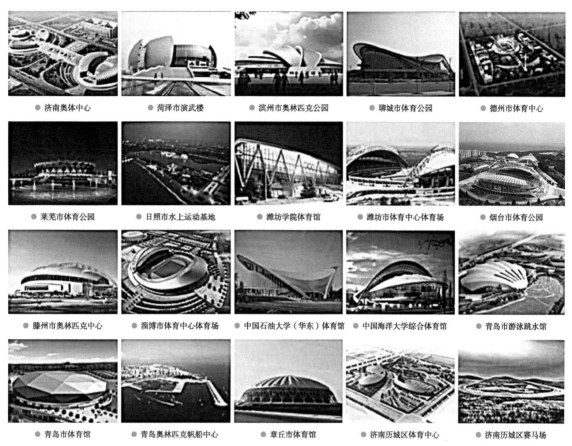

图3-1　山东各地市重点全运会比赛场馆
（图片来源：山东省体育局）

各项目比赛场馆一览表　　　　　　　　　　表3-2

序号	项目	承办市	体育场馆情况		
			已有	改建	新建
1	体操	济南			奥体中心体育馆
2	蹦床	济南	皇亭体育馆		
			山东师范大学体育馆		
3	田径	济南			济南市体育场
4	篮球	济南	济南炼油厂体育馆		
			济南钢铁集团体育馆		
		淄博	淄博市体育馆		山东理工大学体育馆
					淄博市体育中心体育馆
5	排球	济南	山东财政学院体育馆		
			山东大学体育馆		
		潍坊			潍坊市体育馆
					潍坊市五环体育中心体育馆

续表

序号	项目	承办市	体育场馆情况		
			已有	改建	新建
6	游泳	济南	山东省体育中心游泳馆		
7	跳水	济南	山东省体育中心游泳馆		
8	艺术体操	济南			济南市体育馆
9	网球	济南			济南市网球中心
10	足球	济南	山东省体育中心体育场		
		青岛	天泰体育场		
			弘诚体育场		
			颐中体育场	无看台，需改建	
		烟台	体育公园体育场		
11	射箭	青岛	青岛体育训练基地射箭场	需改建	
			青岛市体校射箭场	需改建	
12	拳击	青岛	青岛大学体育馆		青岛市体育馆
13	沙滩排球	青岛	石老人海水浴场		
			第一海水浴场		
			第二海水浴场		
14	水球	青岛			青岛市游泳跳水馆
15	花样游泳	青岛			青岛市游泳跳水馆
16	羽毛球	青岛			青岛体育馆
17	击剑	青岛			青岛大学体育馆
18	自行车	日照	赛车场		
19	帆船	日照	日照国际水上运动基地		
20	帆板	日照	日照国际水上运动基地		
21	柔道	烟台	烟台市体育馆	市体校训练场	体育公园全民健身馆
22	手球	威海	威海市体育馆		
			市体校训练场	需改建	
23	跆拳道	潍坊	潍坊市体育馆		五环中心体育馆
24	摔跤	淄博	山东铝业公司体育馆		
25	举重	泰安	山东农业大学体育馆		
			泰山学院体育馆		

续表

序号	项目	承办市	体育场馆情况		
			已有	改建	新建
26	铁人三项	泰安	大河水库、高标准公路		
27	武术套路	滨州	滨州市体育馆		
28	武术散打	滨州	滨州市体育馆		

表格来源：作者根据山东省体育局提供资料整理绘制

新建比赛场馆情况表　　　　　　　　　　表3-3

序号	项目	承办市	承办单位	体育场馆情况		投资预算（万元）
				新建	场地面积	
1	乒乓球	济南	山东省体育局	省新建	6000平方米	1560
2	赛艇	日照	山东省水上运动技术学校	省新建	3000米×120米	9360
3	皮划艇	日照	山东省水上运动技术学校	省新建	3000米×120米	9360
4	激流回旋	日照	山东省水上运动技术学校	省新建	—	2000
5	射击	济南	山东省体育局	省新建	25000平方米	12000
6	曲棍球	济南	山东省体育局	省新建	91.4米×55米3块	1810
7	棒球	济南	山东省体育局	省新建	100米×100米	3600
8	垒球	济南	山东省体育局	省新建	70米×70米	1764
9	码数	济南	山东省体育局	省新建	150米×150米	4500
10	速度赛马	济南	山东省体育局	省新建	1800米跑道	450
11	球类训练馆	济南	山东省体育局	省新建	8000平方米	2400
12	重竞技训练馆	济南	山东省体育局	省新建	26000平方米	5400
13	综合训练馆	济南	山东省体育局	省新建	36000平方米	8100
合计						62300

表格来源：作者根据山东省体育局提供资料整理绘制

3.2.2　注重统筹配置，兼顾城乡发展

第十一届全运会依据赛事需求、人口数量及行政区划要求配套建设不同规模的比赛场馆。全运会比赛场馆不同于普通中小型建筑，与城市的关系更为复杂。一般来说，全运会比赛场馆的建立都遵循以城市建筑学为出发点的设计原则。而第十一届全运会比赛场馆在2009年就有一定的城乡协同发展的可持续意识，场馆主要服务于山东省各市及乡镇居民，以竞技和体育训练设施为

主，主要承担省（市）级以上体育赛事或单项赛事，满足承担国际单项比赛项目或区域比赛的要求，并在适合时段向群众开放。场馆在理念上强调建筑与城乡的辩证统一关系，以整体的视野来研究建筑与建筑群的设计，在设计方法上提倡从宏观层面分析研究建筑设计。第十一届全运会比赛场馆注重分层次统筹配置，结合行政区划将部分场馆设置在区县，兼顾城乡居民享受体育设施的公平性，这在当时是具有超前意识的。

3.2.3　注重服务半径的选址规划

为举办全运会而建的体育场馆往往承载着多于一般场馆的功能，特别是为比赛提供开闭幕式的主场馆来说，除了等级较高、占地较大外，这些体育场馆的周边还需要具备一套较完整的设施，如旅馆、商业、办公等，以满足比赛时运动员和观众的使用需求。在这种情况下，对建筑的场馆选址布局要重点考虑。第十一届全运会比赛场馆布局最明显的特点就是没有过度集中的大型体育场馆建筑群，山东省各个城市都有全运会比赛场馆，与济南全运会场馆共同构建一小时车程、两小时车程比赛圈，这既有利于大型赛会的交通组织，也对运动员的保护和管理、赛场的协调与公用、比赛观看的可达与疏散有所裨益。从场馆分布角度，均衡的分布消解了体育场馆对城市区域的冲击；从建筑性质来看，高校、社区及训练基地等属性的穿插符合城市发展，显示了城市属性的多样性。

3.2.4　注重"利导改造"的理性调控

第十一届全运会场馆在建设选址和规模的调控上，也更趋近于集约与合理。全运会比赛场馆往往体量较大，占地面积也大于一般公共建筑，所以对于新建的体育场馆来说，较为偏远的城市新区是更为合适的选址，但是赛后会导致群众需要花费更多精力和时间在前往场馆的路途上，在实际使用情况中对他们参与健身活动的积极性造成了较大的负面影响。另外由于场馆维护成本高导致新城区场馆关闭，以及由于体育运动场馆过于专项化而群众基础薄弱无法应用于健身活动等情况，不仅没有实际效果，反而消耗和浪费了仅有的体育建设资金。而依托城市中原有的体育场馆投入改造，并以此来提升所在区域的活力，可以带动老区的更新，使之重新焕发光彩。

十一届全运会共需场馆130个，其中新建比赛训练场馆42个，维修改造场馆88个，改造场馆占总数67.7%。其中，篮球、排球、游泳、跳水、足球、射箭、沙滩排球、水球、帆船、帆板、手球、跆拳道、摔跤、举重、铁人三项、武术套路、武术散打等项目，只需对目前的比赛器材、设施、设备进行简单维修或更换后即可满足竞赛规划和全运会竞赛规程要求（表3-4）。除此之外，在青岛、潍坊、威海三地部分场馆需进行结构性改造（表3-5）。田径、网球、体操、艺术体操等项目需改建、扩建或新建场馆（表3-6），比赛所需器材、设施、设备同时购置。第十一届全运会场馆建设不仅要惠及各市、分散布局，更要理性集约地根据项目准确定位场馆改造建设的趋势，促进山东全省体育场馆的层次和质量的提高。

无维修或简单维修即可承办比赛的场馆情况表　　　　　　　　表3-4

承办市	场馆名称	计划安排比赛项目	体育场馆内使用面积（长×宽）	观众席位数量（万个）	管理单位
济南市	济南体育馆	艺术体操	50米×40米	0.8	济南市体育局
	山东省体育中心体育场	足球	110米×75米	4.2	山东省体育局
	山东省体育中心体育馆	乒乓球	38米×36米	0.75	山东省体育局
	济南炼油厂体育馆	篮球	38米×21米	0.24	济南炼油厂
	济南钢铁集团体育馆	篮球	32米×20米	0.29	济南钢厂
	山东省体育中心游泳馆	游泳	标准竞技馆	0.13	山东省体育局
	山东省体育中心游泳馆	跳水	标准竞技馆	0.13	山东省体育局
	济南皇亭体育馆	蹦床	34米×24米	0.41	济南市体育局
	山东师范大学体育馆	蹦床	36米×25米	0.2	山东师范大学
	山东财政学院体育馆	排球	40米×30米	0.17	山东财政学院
	山东大学西校体育馆	排球	34米×34米	0.2	山东大学
	山东省经济体校设计馆	射击	标准竞技馆		山东省体育局
青岛市	天泰体育场	足球	110米×75米	2.1	青岛市体育局
	弘诚体育场	足球	105米×70米	2.6	青岛市体育局
	颐中体育场	足球	110米×75米	6	青岛颐中集团
	石老人海水浴场	沙滩排球	60米×400米	无	青岛崂山风管委
	第一海水浴场	沙滩排球	50米×300米	无	青岛城建集团
	第二海水浴场	沙滩排球	40米×200米	无	青岛八大关疗养区
	山东省青岛体育训练基地	射箭	60米×100米	无	山东省体育局
淄博市	淄博市体育馆	篮球	110米×75米	0.28	淄博市体育局
	山东铝业公司体育馆	摔跤	40米×25米	0.29	淄博市体育局
烟台市	体育公园体育场	足球	40米×20米	4	烟台市体育局
	烟台市体育馆	柔道	30米×27米	0.5	烟台市体工大队
潍坊市	潍坊市体育馆	排球、跆拳道	30米×20米	0.37	潍坊市体育中心
	潍坊二中体育馆	排球、跆拳道	50米×50米	0.15	潍坊二中
	潍坊一中体育馆	排球、跆拳道	50米×50米	0.15	潍坊一中
威海市	威海市体育馆	手球	45米×30米	0.4	威海市体育中心
	市体校训练场	手球	50米×40米	无	威海市体校
泰安市	山东农业大学体育馆	举重	36米×18米	0.26	山东农业大学
	泰山学院体育馆	足球	36米×25米	0.2	泰山学院
	大河水库、高标准公路	铁人三项	40米×30米	0.17	—
日照市	日照国际水上运动中心	帆船、帆板	—	无	日照市体育局
滨州市	滨州市体育馆	武术套路、武术散打	36米×18米	0.26	滨州市体育局

表格来源：作者根据山东省体育局提供资料整理绘制

需结构性改造后可承办比赛的场馆情况表　　　　　　　　表3-5

承办市	场馆名称	计划安排比赛项目	开工时间	竣工时间	管理单位
青岛市	省训练基地、市体校	射箭	2005.11	2006.12	山东省体育局、青岛市体育局
潍坊市	潍坊市体育馆	跆拳道	2004.10	2006.10	潍坊市体育局
威海市	威海市体育馆、市体校训练场	手球	2005.6	2007.9	威海市体育局

表格来源：作者根据山东省体育局提供资料整理绘制

已纳入各级政府市政规划内的新建场馆情况表　　　　　　　　表3-6

承办市	场馆名称	计划安排比赛项目	体育场馆内使用面积（长×宽）	观众席位数量（万）	附属场馆情况		管理单位	备注
					面积	位置		
济南市	体育场	田径	标准场地	6	—		济南市体育局	举办开、闭幕式
	体育馆	体操、艺术体操	—	1	—		济南市体育局	—
	网球中心	网球	12片场	0.4	—		济南市体育局	—
	新闻发布中心	—	—	—	—		济南市体育局	
青岛市	青岛体育馆	拳击、击剑、羽毛球	40米×70米	2.1	—		青岛市体育局	—
	青岛大学体育馆	拳击、击剑、羽毛球	38米×48米	0.48	—		青岛大学	—
	市游泳跳水馆	水球、花样游泳	—	0.3	—		青岛市体育局	
	市体校射箭场	射箭	40米×120米	—	—		青岛市体育局	
淄博市	淄博市体育中心综合训练馆	篮球	20000平方米	0.2	室外场9片，室内场3片		淄博市体育局	—
	山东理工大学体育馆	篮球	1000平方米	0.5	—		山东理工大学	—

承办市	场馆名称	计划安排比赛项目	体育场馆内使用面积（长×宽）	观众席位数量（万）	附属场馆情况		管理单位	备注
					面积	位置		
烟台市	全民健身馆	柔道	1000平方米	0.1	—		烟台市体育局	—
潍坊市	五环体育馆	排球、跆拳道	1200平方米	0.6	40米×30米	侧面	潍坊市体育局	—
日照市	自行车赛车场	自行车	250米	0.2	—		省体育局	—

表格来源：作者根据山东省体育局提供资料整理绘制

3.2.5 "以商养体"较为普遍

体育场馆的功能是随着社会和城市发展逐步变化的，改革开放前建设的大型体育场馆在体育训练和比赛功能的基础上，一般都承担了会议和政治活动功能。随着社会发展，会议和政治活动功能逐渐弱化，改革开放后承办城市运动会建设的大型体育场馆，以体育训练和比赛功能为主。第十一届全运会申办成功后，随着体育产业化的要求，部分体育场馆也在现有条件的基础上寻求运营方式的改变，全运会比赛场馆由单一的比赛训练功能逐步向集比赛、演出、训练、商业等功能于一体的复合型体育综合体转变，"以商养体"成为其突出特征，但这种模式有利有弊，需结合自身条件考虑周全。

山东省体育中心游泳馆是第十一届全运会场馆"以商养体"较为成功的典型案例，房屋出租金成为近几年场馆重要稳定的经营收入之一（表3-7）。该馆对自身定位较为明确，因游泳馆周边办公、商业用房的供应量在全运会后大幅度增加，游泳馆的设施条件和建筑标准都无法和相应高档写字楼与商业综合体相比，所以在商业出租中另辟蹊径，利用省体育中心整体优势开发有特色的出租经营项目，陆续改造出租给与体育产业相关的体育用品商店、俱乐部、餐厅等（图3-2、图3-3）。其他文体活动经营项目的年收入额较低，只作为吸引市民的一种商业手段，其特点是根据市场情况结合场地条件不断调整更新，开展不同的娱乐运动项目以加深活力，作为有益补充。

山东省体育中心游泳馆经营收入统计表　　　　　　　　　　表3-7

收入来源	万元/年	备注
健身游泳门票	200	—
培训用房房租	20	—
办公用房房租	40	—
餐饮用房房租	80	—
商品销售	20	纯利润
其他经营项目	10	—
合计	370	

图3-2　山东省体育中心游泳馆"以商养体"

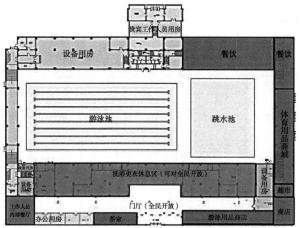

图3-3　山东省体育中心游泳馆"以商养体"模式图

图3-4　青岛天泰体育场现状1

图3-5　青岛天泰体育场现状2

　　但是"以商养体"也有不成功的案例，因体育场馆较常用的方式是沿着城市道路建一圈1～2层的沿街商业用房，进行出租收益。这样的商业开发手段虽然增加了收入，但一定程度上会导致场馆本身对城市的割裂。青岛天泰体育场曾作为第十一届全运会足球比赛场馆，现状堪忧（图3-4、图3-5）。如今的天泰体育场周围一圈布置了一层商业用房，完全将体育场馆的公共属性抹去，在外围街区甚至难以发现，缺少人流组织设计和引导，使得这部分用房出租情况也很差，这样一来，天泰体育场馆就慢慢淡出了城市生活，走上了衰败的道路。商业店面、广告霓虹灯吞噬了体育场馆的外部环境和建筑形象，也损害了公共建筑的公益性。虽然现在闲置较多的天泰体育场是因为没有找到好的开发改造方案而暂时停滞，但是这种局面也是体育场自身对待不断发展的城市空间反应迟缓、措施不力造成的。也许对待城市空间的处理方式在其建设初期是合理的，但没有跟随时代要求和周边城市环境的变化而变化，是其衰败的主要原因。

3.3　第十一届全运会比赛场馆与城乡协调发展

全运会比赛场馆不仅是承载体育功能的建筑物，还是拥有特殊体量和形象的标志性实体，在城市中占据着重要地位。其设计与建造在选址上不仅受到城市空间发展的影响，还受城市用地环境、周边区域状况、经济水平、使用需求等城市条件的制约，应对城市经济、设施、环境、生态、形象和文化综合考虑。与城市互动关系可以从以下三个方面来展开分析，一是作为城市大众体育休闲体系中的重要节点，二是全运会比赛场馆与城乡空间的相互契合，三是全运会比赛场馆与城市环境的共鸣设计。

3.3.1　第十一届全运会比赛场馆作为大众体育休闲体系中的节点

大众体育休闲体系的推行是以完整全民健身体系为基础的，理想的大众体育休闲体系是以配备有一定数量健身器械的全民健身路径为纽带，以公共体育场馆、体育公园和单独设置的室外体育场地为节点的城市网络。因此，新建的全运会比赛场馆建筑对室内外的公共空间予以重视，通过室外健身步道、室外运动场地等设计将建筑与全民健身路径相连接，以形成更完整的社区大众体育体系。一方面强调建筑在社区活动圈中的便捷可达性，另一方面要求体育功能的设置和空间布局与区域范围内大众体育设施的互相补足，而不是以程式化的配置在一定范围内大量重复设置某类体育场地而忽略其他类别体育活动的开展。

3.3.2　第十一届全运会比赛场馆与城乡空间相互契合

第十一届全运会比赛场馆空间界面是"城市"因素的重要体现，也是比赛场馆与城市一体化、有机融入城市大环境的决定因素。在青岛国信体育中心前期投标方案中，设计团队提出了扩大用地规划范围的想法，根据甲方提出的将北部原有的空地作为高新技术区及居住区建设的思路，将其纳入到整体规划中来，突出了从城市空间结构角度进行设计构思的特点。而区县级比赛场馆，如章丘体育馆（章丘原先为济南市的县级市，现为济南所辖的七区之一，是龙山文化的摇篮）是第十一届全运会男女排球比赛场地，屋顶覆盖PTFE膜，是章丘区第一座膜结构体育场馆，造型曲线灵感源自当地黑陶器皿，这是对乡土文化空间的回应。

3.3.3　第十一届全运会比赛场馆与城市环境共鸣设计

为达到全运会比赛场馆建筑与周边环境的相容，其内部功能、空间布局不仅要从体育场馆策划的层面考虑，更要从城市整体公共性的层面考虑，以多样化的功能空间与区域内公共空间兼容互补。比赛场馆的外部空间可以最大限度地对外免费开放，是实现场所公益性的最佳选择，尤其是与公园结合在一起的体育公园可以为人们提供公共开敞空间，也适合大规模的群体活动，是理想的大型公众集会场所，兼有运动和娱乐的双重作用。以济南市奥体中心为例，其设计之初就从济南市总体空间布局入手，依据东部新城规划思想"观山、览绿、亲水、知文、感新"十字箴言，以泉水顺山势成景为立意，并在场馆周边设置大面积绿植、绿地，起到了城市"绿肺"的作用（图3-6）。场馆提供城市弹性空间，建设体育场馆的直接目的是满足体育比赛的需要，大规模人流的疏散要求往

图3-6　济南奥体中心绿化公园　　　　　图3-7　济南奥体中心广场

往使得体育场馆对外留空有开阔的广场（图3-7），这在城市土地日趋紧张的今天，是难能可贵的弹性空间。这一空间既可通过小规模改造，达到城市广场的作用，又可成为开敞的城市临时避难场地。

3.4   可持续探求的具体化——确定重点研究对象

济南作为第十一届全运会主办城市，其地理位置优越，位于华北平原中部、山东半岛中西部。作为环渤海地区南翼和黄河中下游地区的中心城市，济南有着良好的经济基础；"山、泉、湖、河、城"有机交融，是以泉水闻名的第二批国家历史文化名城。济南历史悠久，1904年5月1日，山东巡抚周馥与袁世凯正式联名上奏，请旨将济南作为通商口岸，同年济南抓住胶济、津浦铁路开通的机遇自开商埠并大力发展工商业，使济南从"一个三流商业城市"转变为"山东工商业之要埠"[①]，奠定了济南今天在黄河中下游地区的经济地位和中心城市地位，也为新中国成立后济南体育场馆蓬勃发展提供了良好的生长环境。济南从1988年承办全国第一届城市运动会到协办1990年第十一届亚洲运动会、2004年亚洲杯足球赛，再到主办第十一届全国运动会，承办赛事能力的升级，见证了济南体育产业的蓬勃发展。

3.4.1   重点研究对象的选取——济南市域全运会比赛场馆

笔者选取济南市辖区（包括历下、市中、槐荫、天桥、历城、长清、章丘区和平阴、济阳、商河三县以及莱芜市，面积8177平方公里）内的全运会比赛场馆作为本书的重点研究对象，对其发展和现状进行调研分析与统计，是了解体育场馆与城市协调发展、体育场馆功能发展及节能、运营情况最为直接的方法，同时也是深入了解全运会比赛场馆建筑特征以及设计策略的有效途径。

通过体育共享平台"济南趣运动"和百度地图等网络平台查询并搜集济南全运会场馆的具体地址，并通过Google地图初步逐一分析场馆区位特征和场馆设施类型，最终选取山东省体育中心一场

① 济南市史志编纂委员会. 济南市志（三）[M]. 北京：中华书局，1997.

两馆，山东省射击自行车管理中心自行车馆、射击馆，山东体育学院垒球场、棒球场、曲棍球场8个省建全运会比赛场地；山东交通学院体育馆，济南奥体中心一场三馆，皇亭体育馆，历城体育中心一场两馆，历城国际赛马场，章丘体育馆11个市建全运会比赛场地以及济莱城市一体化的莱芜综合体育馆作为本书的研究标本。样本区位分布见图3-8～图3-17，对所抽样的样品采用Google地图切片的方式进行初步的统计。从地图切片初步判断20个全运会比赛场馆规划选址不尽相同，呈现出多样性的布局特点，与周边居住区、场地交通、设施环境等的关系都有所差异（表3-8）。

图3-8　山东省体育中心一场两馆

图3-9　山东省射击自行车管理中心自行车馆、射击馆

图3-10　山东体育学院垒球场、棒球场、曲棍球场

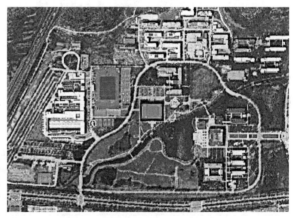

图3-11　山东交通学院体育馆

图3-12　济南奥体中心一场三馆

图3-13　皇亭体育馆

图3-14 历城体育中心一场两馆

图3-15 历城国际赛马场

图3-16 章丘体育馆

图3-17 莱芜综合体育馆

研究对象情况一览表   表3-8

场馆名称	承担比赛项目	建筑面积	座席数（个）	层数	配套	照片
奥体中心体育场	第十一届全运会开幕式和田径比赛项目	13.1万平方米	60000	地上5层，局部6层	田径训练场、足球训练场各1个	
奥体中心体育馆	第十一届全运会闭幕式和体操比赛项目	5.9万平方米	10000	地上5层，局部6层	18个室外篮球训练场	

续表

场馆名称	承担比赛项目	建筑面积	座席数（个）	层数	配套	照片
奥体中心游泳跳水馆	第十一届全运会游泳、跳水比赛项目	4.7万平方米	4000	地下1层，地上3层，局部4层	游泳、跳水设施	
奥体中心网球馆	第十一届全运会网球比赛项目	4.1万平方米（含半决赛场）	6000	4层	决赛场、半决赛场、预赛场、室外训练场	
山东省体育中心体育场	第十一届全运会男子足球比赛项目	5.5万平方米	50000	4层	田径训练场、足球训练场	
山东省体育中心体育馆	第十一届全运会男子篮球比赛项目	1.4万平方米	8600	3层	篮球馆、篮球训练场地	
山东省体育中心游泳馆	第十一届全运会男子女子水球比赛项目	1.4万平方米	2000	3层	游泳、跳水、水球、潜水等水上项目比赛和训练	
皇亭体育馆（改造工程）	第十一届全运会举重比赛项目	1.2万平方米	3800	3层	举重、羽毛球等训练场地	
历城体育中心体育场	第十一届全运会足球半决赛	6.9万平方米	10000	地上2层	田径训练场、足球训练场各1个	

续表

场馆名称	承担比赛项目	建筑面积	座席数（个）	层数	配套	照片
历城体育中心体育馆	第十一届全运会摔跤比赛项目	1.9万平方米	4000	地下1层，地上2层	篮球、游泳、羽毛球、田径等训练场地	
历城体育中心游泳馆	全运会比赛未使用，至今未建成	—	—	—	—	—
历城国际赛马中心	第十一届全运会速度赛马、马术三日赛等马术比赛项目	9.6万平方米	无	无	速度赛场、越野赛场、赛马驯养基地等设施	
山东交通学院（长清）体育馆	第十一届全运会拳击比赛项目	0.9万平方米	3000	3	羽毛球、篮球、拳击等训练场地	
自行车馆	第十一届全运会场地自行车比赛项目	1.6万平方米	2200	3	自行车训练场地	
射击馆	第十一届全运会射击比赛项目	2.3万平方米	440	3	内设50、10、25米移动靶位	
山东体育学院垒球场	第十一届全运会垒球比赛项目	4000平方米	3000	无	废弃	
山东体育学院棒球场	第十一届全运会棒球比赛项目	建筑4000平方米	3000	无	已拆除	—

续表

场馆名称	承担比赛项目	建筑面积	座席数（个）	层数	配套	照片
山东体育学院曲棍球场	第十一届全运会曲棍球比赛项目	建筑4000平方米	3000	无	转化为田径场使用	
章丘体育馆	第十一届全运会男女排球比赛	1.4万平方米	4516	无	无	
莱芜综合体育馆	第十一届全运会女排小组赛	1.5万平方米	5000	无	无	

3.4.2 分类依据

3.4.2.1 依行政区域划分

从分布的行政区域来看，全运会比赛场馆分布较为均衡，各区均有全运会比赛场馆。其中历城区和历下区数量最多，分别为9个和5个，市中区有3个比赛场馆，长清区、章丘区和莱芜市（县级市）各有1个比赛场馆（表3-9）。

济南市域全运会比赛场馆行政区域划分表 表3-9

	所属行政区	数量（个）	名称
1	历下区	5	皇亭体育馆，济南奥体中心体育场、体育馆、网球馆、游泳馆
2	历城区	9	历城体育中心体育场、体育馆、游泳馆，历城国际赛马场，山东体育学院棒球场、垒球场、曲棍球场，山东省射击自行车管理中心射击馆、自行车馆
3	市中区	3	山东省体育中心体育场、体育馆、游泳馆
4	长清区	1	山东交通学院体育馆
5	章丘区	1	章丘体育馆
6	莱芜市（济南县级市）	1	莱芜综合体育馆
	合计		20

3.4.2.2 依配置级别划分

依据国家、山东省以及济南市相关政策、规划、规范标准，参考国内其他城市体育设施配置级别，济南辖区的全运会比赛场馆体育设施级别可分为三级，即省市级场馆、区县级场馆、高校场馆。其中省市级场馆9个，区县级场馆5个，高校场馆6个（表3-10）。

济南市域全运会比赛场馆类型分布表   表3-10

场馆类型	数量（个）	场馆名称
省市级场馆	9	山东省体育中心体育场、体育馆、游泳馆，皇亭体育馆，济南奥体中心体育场、体育馆、网球馆、游泳馆、历城国际赛马场
区县级场馆	5	历城体育中心体育场、体育馆、游泳馆；章丘体育馆；莱芜综合体育馆
高校场馆	6	山东体育学院棒球场、垒球场、曲棍球场；山东交通学院体育馆；山东省射击自行车管理中心射击馆、自行车馆；
合计		20

3.4.2.3 依所属单位划分

根据场馆所属单位划分，济南辖区的全运会比赛场馆可分为三类——隶属山东省体育局管理的省建场馆群，隶属济南市体育局管理的市建场馆群和其他单位管理的体育场馆（如莱芜体育馆）。

（1）省建场馆群

由省里财政支持全额拨款改造或新建的体育场馆群统称为省建场馆群，管理单位为山东省体育局（表3-11）。省建场馆分为比赛场馆和为比赛服务的训练场馆。比赛场馆除了升级改造的山东省体育中心一场两馆位于市中心外，射击馆、自行车馆及小轮车场，位于山东省竞技学校（现山东省射击自行车管理中心）；已废弃的曲棍球场、棒球场、垒球场位于山东体育学院。训练场馆主要位于山东体育学院，主要有体操训练馆、武术、散打训练馆、球类综合训练馆、田径训练馆、游泳跳水训练馆、重竞技训练馆等（表3-12）。此外还有与办赛配套的服务设施，建筑面积14.1万平方米，主要有十一届全运指挥中心、康复医疗和兴奋剂检测中心、后勤服务设施（表3-13）。

省建比赛场馆面积一览表   表3-11

序号	场馆名称	建筑面积（平方米）	备注
1	射击场馆	25500	含射击场附属建筑1500平方米
2	自行车场馆	16000	双面看台
3	曲棍球比赛场	4000	双面看台
4	棒球比赛场	3000	单面看台
5	垒球比赛场	3000	单面看台
6	山东交通学院体育馆	9000	双面看台

省建训练场馆面积一览表 表3-12

序号	场馆名称	建筑面积（平方米）
1	训练馆	86530
2	体操、蹦床训练馆	6700
3	摔跤、柔道、举重、跆拳道及拳击训练馆	17300
4	武术、散打训练馆	6100
5	球类综合训练馆	13430
6	田径训练馆	9000
7	游泳跳水训练馆	9000
8	辅助综合训练馆	25000
9	室外训练场地	70030
10	田径场2个	46800
11	足球场1个	8800
12	室外篮球场20个	12800
13	沙滩排球场4个	1300
14	羽毛球场地4个	330
15	比赛场地配套相应的训练场	34800
16	曲棍球赛前训练场1个	6000
17	棒球赛前训练场1	5800
18	垒球赛前训练场1个	5600
	合计	365320

配套服务设施项目面积一览表 表3-13

序号	项目名称	建筑面积（平方米）
1	十一运指挥中心	29000
2	检测医疗康复中心	14000

续表

序号	项目名称		建筑面积（平方米）
3	全运村	公寓	63000
		餐厅	15000
		运动员活动中心	5000
		资料信息培训中心	10000
		合计	93000
4	后勤服务设施		4970
合计			140970

（2）市建场馆群

分管单位为济南市体育局，且由市里财政支持全额拨款改造或新建的体育场馆群统称为市建场馆群。由济南市负责兴建改造的全运会比赛场馆有济南奥体中心一场三馆、皇亭体育馆、济南国际赛马场。

（3）区级场馆

历城体育中心一场两馆、章丘市体育馆、莱芜综合体育馆由区体育局分管，为其下属单位。

3.4.2.4　依座席规模划分

按场馆座席规模分，济南辖区的全运会比赛场馆可分为四类：5万座以上2个，均为体育场，即山东省体育中心体育场、济南奥体中心体育场；1万～5万座1个，即济南奥体中心体育馆；0.5万～1万座有3个，即历城体育中心体育场、济南奥体中心网球馆、山东省体育中心体育馆；0.5万座以下有14个（表3-14）。

济南市域全运会比赛场馆建筑规模分布表（座席规模）　表3-14

序号	座席数（座）	数量（个）	场馆名称
1	5万以上	2	山东省体育中心体育场、济南奥体中心体育场
2	1万～5万	1	济南奥体中心体育馆
3	0.5万～1万	3	历城体育中心体育场、济南奥体中心网球馆、山东省体育中心体育馆
4	0.5万以下	14	济南奥体中心游泳馆，山东省体育中心游泳馆，皇亭体育馆，历城体育中心体育馆，历城体育中心游泳馆，山东交通学院（长清）体育馆，山东省射击自行车管理中心射击馆、自行车馆，历城国际赛马场，章丘体育馆，莱芜综合体育馆，山东体育学院棒球场、垒球场、曲棍球场
合计			20

3.4.2.5 依建筑类型划分

按体育建筑类型划分，济南辖区的全运会比赛场馆包括3个体育场、7个体育馆、3个游泳馆以及7个单项专业场馆（表3-15）。

济南市域全运会比赛场馆类型分布表（建筑类型）　　　　　表3-15

序号	建筑类型	数量（个）	名称
1	体育场	3	山东省体育中心体育场、历城体育中心体育场、济南奥体中心体育场
2	体育馆	7	山东省体育中心体育馆、历城体育中心体育馆、皇亭体育馆、济南奥体中心体育馆、山东交通学院体育馆、章丘体育馆、莱芜综合体育馆
3	游泳馆	3	山东省体育中心游泳馆、历城体育中心游泳馆、济南奥体中心游泳馆
4	单项专业场馆	7	济南奥体中心网球馆，山东体育学院棒球场、垒球场、曲棍球场，山东省射击自行车管理中心射击馆、自行车馆，历城国际赛马场
合计			20

3.4.2.6 依建筑规模划分

按建筑规模分，济南市域全运会比赛场馆可分为五类：10万平方米以上1个，5万~10万平方米3个；3万~5万平方米3个；1万~3万平方米9个；1万平方米以下4个（表3-16）。建筑规模最大的是济南奥体中心体育场，总建筑面积13.1万平方米。建筑规模最小的是山东交通学院（长清）体育馆，总建筑面积0.9万平方米。

济南市域全运会比赛场馆建筑规模分布表（建筑面积）　　　　　表3-16

	建筑规模（平方米）	数量（个）	场馆名称
1	10万以上	1	济南奥体中心体育场
2	5万~10万	3	济南奥体中心体育馆、山东省体育中心体育场、历城国际赛马场
3	3万~5万	3	历城体育中心体育场、济南奥体中心网球馆、济南奥体中心体育馆
4	1万~3万	9	济南奥体中心游泳馆，山东省体育中心游泳馆，皇亭体育馆，历城体育中心体育馆，历城体育中心游泳馆，山东省射击自行车管理中心射击馆、自行车馆，章丘体育馆，莱芜综合体育馆
5	1万以下	4	山东体育学院棒球场、垒球场、曲棍球场，山东交通学院（长清）体育馆
合计			20

3.5 本章小结

第十一届全运会比赛场馆与城市发展之间相互影响、相互作用，是一种动态、双向的关系。本章对第十一届全运会比赛场馆着重从发展特征和城市互动关系两个方面研究。全运会比赛场馆特征主要为：全省分散化布局，注重分层次统筹配置，注重服务半径的选址规划，注重"利导改造"的理性调控，"以商养体"较为普遍。与城市空间整合强调以互动视角来研究全运会比赛场馆与城市可持续发展的关系。在进行以上场馆特征和关系总结后，将重点研究对象锁定于济南市域全运会比赛场馆，从对象选取和分类依据两个方面进行初步阐述，以此开启下文重点章节。

|第四章| 济南市域全运会比赛场馆布局分析与发展演进研究

全运会比赛场馆的布局是否合理，选址是否交通方便、易于到达，是影响我国广大运动员、群众健身积极性和实践性的关键因素。场馆布局由城市发展决定，又影响着城市发展，同时还在一定程度上决定了场馆自身的生存方式和生存艰辛度，它的布局和选址应体现与其地位相匹配的职能和作用。

4.1 布局特征

4.1.1 布局依据

（1）依据公共体育设施配置体系

场馆选址依据济南市公共体育设施发展现状和体育设施配置级别进行统筹考虑。其中省（市）级、区级体育设施主要按照区域统筹要求配置，其余按照人口规模、服务半径以及行政区划要求配套建设。

（2）依据济南市体育设施空间布局

场馆选址结合了济南市体育设施"一主、五副、一轴、三区"的均衡空间发展布局，"一主"指的是济南市主城区，主要承担大型赛事、区域级国际综合性赛事和国际重点单项赛事；"五副"指的是两个一级公共体育副中心和三个二级公共体育副中心，其中一级公共体育副中心包括长清区和章丘区，二级公共体育副中心包括平阴县、商河县、济阳县，一级公共体育副中心大型公共体育设施配置级别达到省市级，二级公共体育副中心大型公共体育设施配置级别达到区级；"一轴"指的是经十路体育发展主轴。

（3）依据服务半径

体育场馆的城市覆盖半径，一直作为城市体育建筑选址的重要判定依据。依据距离衰减理论[①]，如果事物之间的距离越短，则两者之间的相互作用也就越强，反之随着事物之间的距离逐渐增大，两者之间作用的时效性就会逐渐降低直至消失。距离衰减理论模型认为，在距离场馆中心0~2千米范围内可以定义为核心影响区，由此往外依次是次级影响区、边缘影响区（图4-1）。当

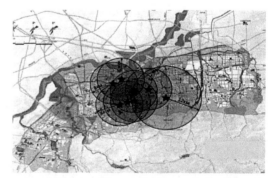

图4-1 济南市域全运会比赛场馆服务半径
（图片来源：济南市规划局提供）

---

① 距离衰减理论是指事物或者现象的作用力随着地理距离的增加而逐渐减少或者变弱的规律。距离衰减理论是基于地理学角度论证事物的作用力与地理距离上的相互关系。

体育场馆选址位于边缘影响区，且具有城市战略意义时，需考虑与其他功能结合，实现共同发展。

4.1.2 场馆分类

根据《城市规划原理》中对城市用地的划分①，济南市域全运会比赛场馆依据区位关系可划分出四种类别：城市中心型场馆、城市近郊型场馆、城市远郊型场馆以及卫星城独立型场馆。

4.1.2.1 城市中心型体育场馆

城市中心型体育场馆一般处于城市较为核心的位置，周边密度较大，离城市中心不超过3千米的范围。全运会比赛场馆不进行大型赛事时，其主要服务对象应该是广大市民，在居民密度较大的地方选址建立体育馆，并根据使用者的生活习惯和生活区分布进行协调布局是比赛场馆对可持续性的考虑。这类全运会比赛场馆的布局模式充分考虑人流密度，场馆周边常环绕城市交通干道，形成了良好的社区中心效应。例如皇亭体育馆（图4-2）、山东省体育中心（图4-3）与城市主干道的交通体系密切衔接，形成了以这类体育场馆为核心的全民健身娱乐中心。但是随着城市的发展，城市中心地段升值过快，交通压力大，常造成体育场馆自身更新和拓展不便。举办大型比赛时，人流疏散及安全问题存在着巨大的隐患，同时也对周边城市交通造成了极大的压力。在进行改、扩建过程中尤其应该注意其地理位置敏感、发展受限的现实，须慎重考虑。

4.1.2.2 城市近郊型体育场馆

城市近郊位于城市中心和城市远郊范围之间。随着大规模的土地置换和城市中心传统制造业向郊区转移，通过兴建体育场馆带动新区发展的优秀案例逐渐出现，这类体育场馆投入使用后，易形成城市副中心，实现"蛙跳"式发展，例如济南奥体中心，其选址关系到济南城市规划建设的战略性布局。济南奥体中心从2004年起开始进行选址研究，从最初的省博物馆北侧用地，到最终确定选址于经十东路以南、北至体育北路、东临体育东路、西临体育西路的龙洞片区，考虑因素有以下两点。

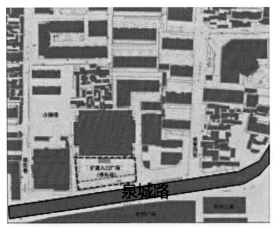

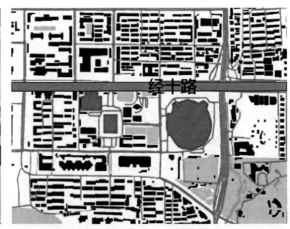

图4-2　皇亭体育馆区位示意图　　　　图4-3　山东省体育中心区位示意图

①《城市规划原理》将城市用地分为城市中心、近郊区、远郊区、相对独立的卫星城。

　　一是推动济南带形组团结构的发
展。选址于此，考虑到基地北侧未来要
打造一个济南CBD核心区，还可推动
"东部组团"的建设发展，加强了历下
区的经济带头作用（图4-4）。

　　二是形成"体育城"。经十东路作
为连接济南新旧城区的干道，全运会期
间是进出济南的重要城市干道。选址
于此，可依托经十东路与现有的体育设
施，促成便捷良好的运动氛围，这些设
施包括：①东侧的济南体育学院，②南
面的历城国际马术中心，③西侧的山东

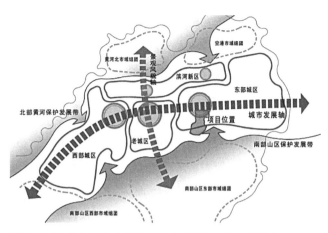

图4-4　济南奥体中心推动济南带形组团结构的发展
（图片来源：作者改绘）

财经大学燕山分校体育场馆，④北侧舜泰广场体育设施。这样既可使奥体中心与周边其他公共体育
设施保持一定距离，避免了过度集中，使城市公共体育设施总体分布更加合理，又与已有体育设施
进行组合，有利于实现"体育城"的设想。

　　经过近十年的发展，济南奥体中心带动作用已显现出来，周边写字楼和住宅入住率极高。但是
由于城市扩展速度过快，场馆周边没有扩展的空间，交通压力较大。

4.1.2.3　城市远郊型体育场馆

　　城市远郊场馆一般远离城市中心区域，在距市区中心5千米范围外。远离城市的场馆又由于距
离和交通的限制，多数仅能为专业训练队提供服务，较少涉及群众体育领域。2009年落成的山东
体育学院、山东交通学院、山东省射击自行车运动管理中心选址于济南远郊（图4-5）。虽然所处
地段并非繁华地段，但距商业网点不算太远。值得一提的是，这几个全运会比赛场馆周边用地未
进行大规模开发，环境宜人，景观地位非同一般，经过慎重的论证，才作为最终的选址地。远郊

山东交通学院　　　济南市区　　　山东体育学院、山东省射击　　济南奥体中心　　山东体育学院、山东省射
　　　　　　　　　　　　　　　自行车运动管理中心　　　　　　　　　　击自行车运动管理中心

图4-5　山东交通学院、山东体育学院、山东省射击自行车运动管理中心区位示意图

型体育馆用地比较宽余，总平面场馆也更专业化，但配套设施较少、人气不足、交通不便、可达性差依旧是这些场馆现阶段需要面临的主要问题。

体育赛事和大型活动的利用频率高低是赛事活动与场馆之间互相选择的结果，但区位也是影响结果的主要因素之一。济南历城国际赛马场选址之初周围一片荒凉，地理位置过于偏僻，加之马术运动相对小众，严重影响了使用效率，后来由于所处区域的发展，情况才逐渐好转（图4-6）。面对同样窘境的还有历城体育中心，历城体育中心位于济南远郊，赛后田径场重新铺设了塑胶跑道、人工草坪，新建了室外灯光篮球场、网球场、乒乓球场，露天场馆不收费，而后历经多次改造提升，形成了集羽毛球馆、乒乓球馆和室外篮球场、网球场于一体的健身场所，并于2012年10月对市民完全开放。但因为地处远郊，虽然唐冶新区发展势头迅猛，周边新落成的居住小区较多，入住率也较高，但是体育中心周围配套设施不完善，公共交通开设线路较少，目

图4-6 历城体育中心、国际赛马场区位示意图

前通往历城体育中心只有308、321、K162三趟公交车，发车频率较低，不易到达，使用频率不高。

4.1.2.4 卫星城独立型体育场馆

卫星城独立型体育场馆多为新建场馆，此类场馆总占地面积较大，拥有统一建设的周边服务性附属设施，如公园、学校等，常有小城市的规模特征，如章丘体育馆、莱芜综合体育馆。

第十一届全运会男女排球决赛选址在距离市中心40分钟车程章丘体育馆，考虑有二：一是章丘区人均公共体育设施用地面积未达到1.2平方米/人，章丘没有一处大型体育场馆；二是通过建设章丘体育馆实现济南向东跨越发展的目的，其战略意义巨大。

莱芜综合体育馆位于莱芜高新技术产业开发区北部。场馆建设之初，周边较为荒凉。选址于此，更多是结合济南城市发展战略，考虑与市民、社区的空间结构关系较少。全运会结束后，场馆未能充分利用起来，直到体育馆周边地块划拨给山东财经大学莱芜分校。校园规划将体育馆考虑其中，莱芜体育馆通过服务高校，转向开放运营，实现了自身的可持续发展。

以上四种比赛场馆选址特点各有利弊，城市中心型和城市近郊型场馆可依托的基础设施较完善，人气较足，建成初期可基本满足居民需求，但随着城市的发展，中心地段地产升值过快，交通压力大，常造成体育场馆自身更新和拓展不便，跟不上城市发展需求。城市远郊型场馆和卫星城独立型场馆在城市宏观布局上有较强的拓展作用，但人气相对不足（表4-1）。

济南市域全运会比赛场馆布局特点分类比较　表4-1

类型	优点	缺点	主要作用
城市中心型	设施较为完善，人气足	用地紧张，交通压力大	为居民生活提供服务，促进城市发展
城市近郊型	有可依托的城市设施，用地相对宽松，易于聚集人气	经济欠发达，人流量低于市中心	促进城市拓展
城市远郊型	用地宽松，易于拓展设施面积	经济不发达，前期投入大，人气不足	为城市发展布棋子
卫星城独立型	设施集中，便于控制	资金投入大，人气聚集慢	有利于城市更新和拓展

4.1.3　宏观布局特征

　　济南市总体规划将东西向交通走廊作为济南城市空间发展轴，形成"带状组团"式的城市布局形态，又将其设立为公共体育设施的发展轴。全运会时期，济南市公共体育设施空间布局结构为"一轴、两心、三片"[①]（图4-7）。"一轴"为东西向城市主要交通干道发展轴。"两心"是山东省体育中心和济南市奥体中心，两个综合性的公共体育中心。体育中心具备体育竞技、体育训练、休闲娱乐等多种功能。"三片"是依托总体规划空间布局形成的三个体育设施集中布局片区，分别为东部片区、中部片区和西部片区。但从区位层面来看，虽然济南市历下区、历城区、市中区、槐荫区、莱芜区、章丘区6个市区内均有体育场馆分布，但主要集中于济南市中部老城区和东部新城区。第十一届全运会后，东部因"上风上水"的优势，成为城市轴线新的延续，得到了快速发展，济南奥体中心、省建训练馆及东部高校片区逐步形成国家级的大型综合性体育中心。中部老城区本身体育设施基础雄厚，以中小型体育场馆数量取胜。老城区依托更新改造的体育场馆，逐步形成相对完整的包括体育馆、体育场、游泳馆在内的综合性体育中心，比如山东省体育中心、皇亭体育馆等。空间布局呈现出中部片区、东部片区较密集，西部片区密度稀疏的特征（图4-8）。

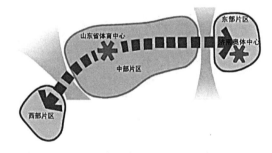

图4-7　济南市域全运会比赛场馆布局结构图
（图片来源：济南市规划局）

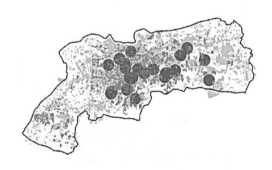

图4-8　济南市域全运会比赛场馆空间布局示意图

---

① 济南市体育专项规划（2008—2020年）．http://wenku.baidu.com.

4.2 布局选址

我国体育设施资源分布不均，因所处地区不同而建设策略各有侧重，但基本的定位原则和方法均应结合城市空间发展和民众的使用需求。比赛场馆的选址会对周边区域的交通环境、商业、房地产业以及城市的整体格局产生一定程度的影响，应在城市发展战略下权衡利弊，寻求符合用地规模、区位条件与交通条件等多方面因素的平衡点，确定最优选址方案，才能符合比赛场馆可持续发展要求。济南市域全运会比赛场馆是开展大型赛事的重要空间场所，是全民健身计划的有力保障，其布局选址结合城市空间发展有益于实现比赛场馆可持续利用。

4.2.1 与城市休闲公园结合

将体育场馆与城市休闲公园相结合，优化了建筑外部环境与生态指标，为市民参与锻炼提供优质的空气质量，使二者优势互补。如果把全运会比赛场馆作为一个点的话，城市休闲公园就是一个面，公园是城市拥堵压力下向大自然呼吸的绿肺，是容纳市民多样性的公共活动的"城市客厅"。济南奥体中心、山东省体育中心、历城体育中心和章丘体育馆的选址本意就是紧靠公园和绿地，将大众健身设施与城市休闲公园相结合，成为满足各年龄段市民健身娱乐需求的综合休闲场所（图4-9～图4-12）。

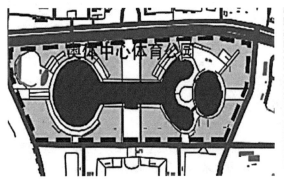

图4-9 济南奥体中心与体育公园区位示意图

图4-10 山东省体育中心与泉城公园区位示意图

图4-11 历城体育中心与鲁能体育公园区位示意图

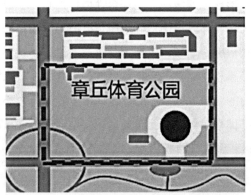

图4-12 章丘体育馆与体育公园区位示意图

图4-13　历城文体中心投标方案
（图片来源：孙一民工作室）

图4-14　历城体育中心与文体中心结合示意图
（图片来源：作者改绘）

4.2.2　与文化中心结合

历城体育中心选址于济南历城唐冶新区，规划建设初期定位为体育休闲旅游中心。历城区南依泰山，北靠黄河，是泉城东部重要的政治、经济、文化中心。素有"齐鲁首邑"之称的历城，人文旅游资源丰富、基础设施完善、产业基础雄厚、科技智力密集、投资环境优越，具备广阔的规划前景。唐冶新区作为城市发展总体规划中"东拓"产业带的中心组团，位于济南"东西城市发展主轴"和"历城南北发展轴线"交汇处。绕城高速公路东环线和经十东路快速路加强了唐冶新区对外交通的便捷性，区内"三横两纵"五条城市主干道与济南西面主城区、东面章丘市紧密联系。2009年全运会赛后，该场馆并未拉动周边地区的发展建设，公共配套设施未及时跟上，加之位于远郊，场馆利用率不高。2012年，华南理工大学孙一民工作室团队进行了多轮方案的完善和比选，最终提交了历城文体中心的规划方案，并一举中标（图4-13、图4-14）。方案以可持续经营为核心要义，城市不仅需要一个"精美而硕大的城市雕塑"，更需要以文体中心自身的持续发展作为城市发展的动力引擎。中标方案定位将已有的体育中心与新建的文博中心相结合，以地域文化为纽带，将文化博览、会议会展、新闻传媒、休闲娱乐、商务办公、全民健身等城市功能高度复合，打造城市"复合功能活力区"，城市体育与文化功能的有效复合催生了城市文体中心建筑的产生。以体育、文化为核心，配以适量的餐饮、商业功能空间，建立起与城市空间的良好互动，突出文体中心的开放性和参与性。

4.2.3　与学校结合

场馆布局考虑后续与学校结合使用也是实现全运会比赛场馆可持续利用的一条可行性途径。由于学生相比大多市民时间更加充裕、灵活，对体育场地的需求高频且固定，学校内体育场馆利用率相较于城市中的公共体育设施的利用率要高很多，这种场馆与学校结合的方式又分为两种类型。

一种是体育场馆选址本身位于校园内部，如山东交通学院比赛场馆、山东体育学院比赛场地和山东竞技学校（现更名为山东省射击自行车运动管理中心）比赛场馆。校园体育场馆是校园环境

图4-15　射击自行车管理中心区位示意图1　　　　图4-16　射击自行车管理中心区位示意图2

的组成部分，是许多大学的核心区域，也是形成一个良好的校园环境的重要一环，它不仅满足了体育赛事举办的需要，同样也将日常的体育训练置于体育场中，充分利用了体育设施，也为体育场馆可持续发展和日后运营提供了很多的便利。皇亭体育小学紧邻皇亭体育馆修建，两者选址时互有考虑，属于"你中有我，我中有你"的模式。2015年后，皇亭体育馆收归于皇亭体育小学，为学校师生训练比赛服务。

比赛场馆选址本身位于校园内部的典型案例为山东体育竞技学校。山东体育竞技学校作为山东省体育局下属的专项比赛训练场馆，是第十一届全运会省建比赛场馆的重要组成部分。基地西侧为南北向城市干道泉港路，北侧为世纪大道，南临经十东路，东侧与凤鸣山庄隔山相望。泉港路是东部新城重要的南北向干道，基地隔泉港路与山东建筑大学相对（图4-15、图4-16），东侧及东南侧为数十米高残留的山体峭壁，由北向南形成宏伟的山体景观，用地南侧有向西降低的山坡和与基地边缘连接的陡崖。经十东路和世纪大道是连接济南市东西部的交通命脉，在两条路上均可清晰见到基地周边的山峦，东侧和东南侧山体开采石料后的峭壁对基地形成环抱，与周围城市空间和自然山体深入整合，绿化及景观与周边城市空间形成连续的景观系统。以连续的带状绿化、开放的体育室外场地用地和环路，作为用地与山体、城市道路之间的过渡，使校园景观与自然景观相接续。外围绿化带分隔用地与城市道路。内部道路绿化分隔主要功能区，为建筑组群形成一个柔和而完整的绿色界面。景观结点与集散空间统一考虑，同时利用绿化、地形高差等措施与车行系统隔离，增强效率与安全性。开放空间以硬质铺地和台地绿化景观为主，将各个分散的景观组织作为有序的整体，为高校校园集中片区增添仰视的亮点。

另一种是体育场馆选址临近校园。2009年建成的莱芜综合体育馆是济莱高度协作建立共享经济圈的产物，位于莱芜高新区的高等教育园区内，与老城区中心距离较远（图4-17～图4-19）。在全运会女排比赛结束后，陷入利用不充分的尴尬境地。而后综合体育馆南侧66.77公顷（约1000亩）用地被划拨给了山东财经大学莱芜分校。2014年11月华南理工大学孙一民工作室团队在对山东财经大学修建性规划及概念设计中秉承从现状入手，通过对现状内部已有建筑及已有自然环境、地形等深入挖掘可使用元素的原则进行规划设计，并把莱芜体育馆及周边的全民健身中心纳入到校园核心建筑统一整体规划，利用场地高差和水体建立核心建筑间的视觉联系，在步行尺度适宜的原则下，布置校园各公共空间，并用步行路径串联起来。方案规划最大程度吻合周边原有的城市肌理，成为新旧

图4-17　莱芜综合体育馆项目基地区位示意图
（图片来源：作者改绘）

图4-18　莱芜综合体育馆项目基地周边道路示意图
（图片来源：作者改绘）

图4-19　2012年莱芜综合体育馆周边现状
（图片来源：作者改绘）

图4-20　山东财经大学莱芜校区中标方案
（图片来源：孙一民工作室）

并存的新肌理，最终以第一名方案中标（图4-20）。

　　校园主体分为教学区、生活区、景观核心区和体育运动区（图4-21），方案功能布局重点突出"效率"与"共享"。"效率"体现在各区之间的明确分划与便捷的联系上，明确的分区利于降低相互干扰，而便捷的联系则有益于校园的合理运转。为创造人性化场所，中心区主要公共设施被控制在步行尺度之内，通过安排活动区域距离与日常行为联系，使校园主要功能区具有良好的可达性，形成高效的交通组织。校园各功能区的联系十分便利，多在步行5分钟距离以内。"共享"体现在校园活动空间网络与校园公共设施的对外衔接。由学生活动中心、校园餐厅结合校园生活设置次要轴

图4-21 功能分区示意图

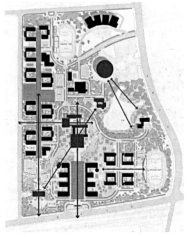
图4-22 核心空间分布示意图

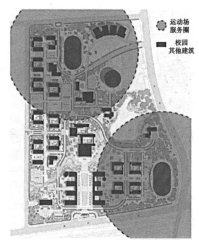
图4-23 体育设施覆盖均好

线的景观带，空间的共享吻合校园生活互动与教学科研信息交流的需要，促进形态和内容的一致性（图4-22）。将体育活动区临近各宿舍区、食堂、会堂等活动区设置，规划有2个大型体育设施，分别为南侧主体育场及北侧次体育场，校园东南侧主地块邻城市干道，对外服务性较强，方案将校园主体育场布置在此处，方便主体育场对社会的开放以及与周边其他地块之间的体育设施共享，因此，南侧主体育场具有较强的对外服务性（图4-23）。

校园西北侧，地形较为复杂，建设成本较高。规划方案将校园次体育场布置在此处，首先解决建筑建设成本，同时便于生活组团对次体育场的使用，因此，北侧次体育场具有较强的对内服务性。通过这样的规划布置使校园各个功能组团都能共享体育设施，有利于学生展开丰富多彩的校园生活体验（图4-24）。在对外衔接方面，体育馆与体育场所沿着东侧城市道路布置，使体育馆、体育场所可以便捷地对外联系、向社会开放，提高使用效率。

中标方案既可使现有的全运会场馆服务于校内，又很好地增加了体育场对外使用的可能性。通过学校入驻两年的反馈，使用感和体验感较好，这是新建校园与已有体育场馆结合利用的一次成功尝试，山东财经大学校园规划及单体设计投标方案整合了已有的公共资源，实现最大限度的可持续利用。

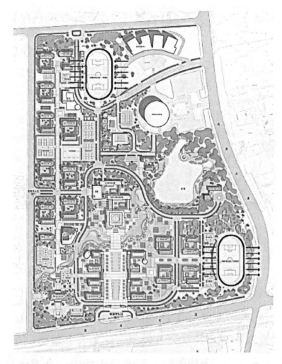
图4-24 体育设施对内外服务示意图
（图片来源：作者改绘）

4.2.4　与商业结合

山东省体育中心建成三十多年以来，其周边配套完善，生活设施便利。全运会后开通的BRT3号线加强了山东省体育中心西部片区交通枢纽作用。体育中心人流大幅增加，产生了良好的集聚效应，同时也为其带来良好的互动与可观的经济效应。在贵和商城奥特莱斯店等商业带动下，省体育中心南侧逐步形成省体育中心—英雄山美食街，零售、饮食店面也相继活跃。2010年底，玉函银座商城、规划展览中心、易初莲花超市等大型商业综合体落成开业，英雄山人防商城、贵和购物中心等商场优化升级，在这众多商住建筑的围合下，山东省体育中心成为这些建筑共同享有的"公共庭院"，与周边商业开发及英雄山公园形成集商业娱乐、体育健身于一体的综合功能片区（图4-25）。这一片区还为社会公众配套了全民健身中心等娱乐休闲的设施，区域内无论白天黑夜都能吸引到大量客流，保证了周边商业的良性发展。

但与商业紧密结合的布局对体育中心来说也有消极的影响，省体育中心本就因建成较早，发展和空置用地有限，与商业紧密结合导致体育中心前的休闲广场被用作临时停车空间，减少了市民日常活动的场所。另一方面，山东省体育中心周边道路为棋盘式格局，由三条纵向及两条横向的主干道组成，场馆举办活动时东侧银座玉函店和南侧贵和体育中心店以及易初莲花超市都对十字交叉口处交通造成巨大压力。政府为了缓解这一压力，全运会前夕将场馆北侧的东西向主干道经十路拓宽至144米；打通玉函路、马鞍山路、王庄路，使省体育中心南北向行路更加通畅。公共交通安排在离体育场馆约100～200米范围内，加强观众人流可达性，防止人流过于涣散。为避免省体育中心公交车到站时造成经十路体育中心段交通堵塞，将体育中心站公交车停车位置向银座商场玉函店内靠，

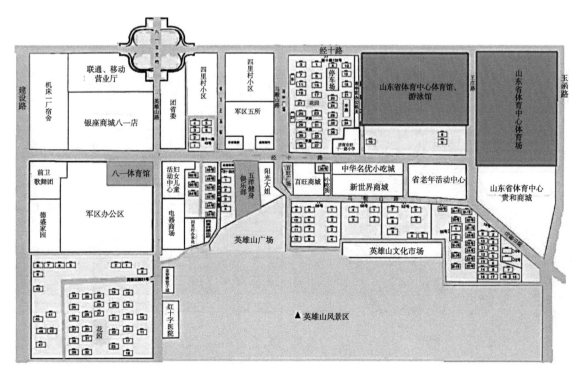

图4-25　山东省体育中心及周边现状示意图

建设一个深港湾式公交站，使公交车不再占用经十路路面道路，同时利用周边商城的停车场和道路，分散人流车流。这些固有问题虽然没有得到根本解决，但已经有了一定程度的缓解。目前，体育中心周边拥有四通八达的公交路线和BRT3号线换乘站等，承担着城市经济文化中心和交通枢纽的双重作用。

4.2.5 与办公结合

以体育中心、体育场馆等设施为组团核心成为各地城市规划中大量出现的城市中心类型，将体育场馆与政府行政中心等其他大型公共建筑并置，其中典型案例有济南奥体中心。奥体中心选址良好，用地北侧为经十路，是济南城区东西向主要交通干道，南侧为龙奥北路，东西两侧分别规划了龙奥东路、龙奥西路，这三条交通干道将体育中心用地和周边用地紧密联系起来。经过近十年的发展，奥体周边配套已经完善，住宅、办公楼鳞次栉比（图4-26、图4-27）。方案实施前也率先确定了亚洲第一大政府办公楼——龙奥大厦的位置。龙奥大厦曾是第十一届全国运动会指挥中心和新闻中心，现为济南市人民政府及各个职能部门的办公场所。建筑设计由山东同圆设计集团完成，建筑面积近40万平方米，内部走廊周长为1公里，有40多部电梯。将其放置于奥体中心轴线南端，纵向上延伸了南北向纵轴，沿轴线排列的建筑共同构造出层次丰富、具有仪式感的空间序列。这些建筑与空间上的细节处理都恰当地增强了空间的导向性，彰显了人民政府的庄严，强调了从奥林匹克体育场馆到龙奥大厦这条城市轴线（图4-28）。

作为新地标，济南奥体中心以一种平行于两侧道路的带有方向感的长方形形制指向城市中心的轴线，表达了对城市的尊敬，添加了无形的联系，也表现出自身轴向张力。但是这种规模巨大的

用地编码	单位名称	建设用地面积（公顷）	建筑面积（万平方米）
	公益性设施	75.61	35
1	奥体中心	69.06	35
2	小游园	6.55	
	行政办公	35.29	40.27
3	龙奥大厦	24.56	30
4	政府采购中心	0.51	0.7
5	武警济南支队	4.32	1.81
6	市检查院	3.28	2.95
7	公安局	1.62	3.76
8	气象局	1	1.05
	商务办公	14.63	73.18
9	海信集团	3.06	15.4
10	华创置业	2.51	11.31
11	天业中心	3.2	16.01
12	钢检所	1.43	6.13
13	才高置业	2.04	10
14	满悦置业	2.39	14.33
	商业服务	6.39	23.98
15	喜来登酒店	4.63	16.6
16	龙奥金座	1.76	7.38
	居住项目	176.46	264.83
17	海尔绿城	51.05	62.79
18	中海奥龙官邸	23.58	38.38
19	玺园	3.33	4.67
20	万维置业	3.33	4.07
21	东荷苑	5.79	10.42
22	舜奥嘉园	14.75	38.42
23	西蒋峪公租房	10.05	21.22
24	锦屏家园（安置房）	41.56	45.72
25	颐馨苑	11.14	18.94
26	烟草	11.88	20.2
	市政设施	3.28	
27	公交首末站及立体停车场	1.13	
28	消防支队	1.34	
29	中水站	0.4	
30	港华燃气站	0.41	

图4-26 奥体周边用地现状1　　　　　　图4-27 奥体周边用地现状2

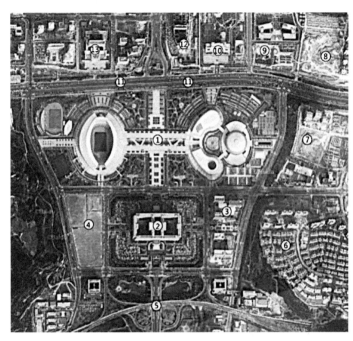

①奥体中心
②龙奥大厦（市政府）
③玉兰商务广场
④银丰商务广场
⑤龙洞立交
⑥中海奥龙观邸
⑦龙奥金座
⑧万科金域中心
⑨浪潮集团
⑩省军区大楼
⑪人行过街天桥
⑫省立医院东院
⑬鲁商国奥城

图4-28　奥体中心周边办公与商业

体育中心对道路和交通条件要求颇高，通过调查和走访得知，奥体中心每次举办大型活动时，周边道路的交通压力巨大，人流聚集在赛场内外，演出或比赛结束之后，观众会同时涌向不同的交通工具，将其置于大型机关单位龙奥大厦北侧，加之周边居住区众多（表4-2），下班时间与预入场时间叠合，造成经十路、旅游路、龙奥北路、舜华路、奥体西路周边主要道路瘫痪。

奥体中心周边楼盘详细统计表

表4-2

名称	开发商	建筑类型	主打房型	开盘时间	配套设施	2009价格	2018价格
海尔绿城	济南海尔绿城置业有限公司	奥体全运村改建，普通住宅、公寓、别墅、酒店式公寓	150～160平方米	2009	泳池健身中心高档会所地下车库	13000元/平方米	二手房均价34000元/平方米
鲁商国贸城	鲁商置业	酒店式公寓	58～170平方米	2016	泳池健身中心会所地下车库商场	—	均价26000元/平方米
草山岭小区	机关单位小区	多层无电梯	58～135平方米	2001	超市	6000元/平方米	二手房均价18000元/平方米
万科金域中心	济南万科置业有限公司	高层、小高层	70～160平方米	2009	健身中心会所地下车库	7900元/平方米	二手房均价29000元/平方米

名称	开发商	建筑类型	主打房型	开盘时间	配套设施	2009价格	2018价格
姚家小区	政府开发回迁房	高层、小高层、多层不带电梯	65~138平方米	2008	地下车库超市	二手房均价7600元/平方米	二手房均价25000元/平方米
奥龙观邸	山东中海华创地产有限公司	高层、小高层、别墅、花园洋房	90~387平方米	2012	泳池健身中心高档会所地下车库	—	二手房均价32000元/平方米

不得不说，奥体中心选址于当时近郊，在带动新城发展方面的成绩是有目共睹的。但是当时对高峰时段人流和车流交通量的估算没有足够的前瞻性，对北侧八车道主路、四车道辅路的经十路承担片区对外交通的压力过于乐观，不顾基地东西两侧均有山体阻挡难以通路，主要依靠南北向次干路与区外联系这一客观条件，将全国最大的政府办公大楼与奥体中心结合布局，不利于济南东西向主干道的关键结点车流和人流疏通，更加坐实了济南"全国第一堵城"之称。

不过，政府为解决这一头疼问题也作了很多积极的努力。为满足奥体中心快速疏解人流的要求，经十路奥体中心段设有两处人行天桥，连通奥体中路与新体育馆，南侧有龙洞立交连接主干道旅游路。其中人行天桥选用了承托式与悬挂式混合结构（图4-29、图4-30）。龙洞立交的建设直接促成了二环南路东延。基地南侧新建龙鼎大道双向六车道，既有中央绿化带，又有机动车与非机动车绿化隔离带。基地东面、西面道路扩为双向六车道，片区北部主次干级路网、支路网均已建成。政府大力提倡公交出行，鼓励龙奥大厦机关单位人员以身作则。基地周边增设多条公交路线，公交首末站及立体停车楼设置于基地内东部地块及南侧地块，带来了更为便捷的公交出行条件，成为基地重要的公共交通集散节点，一定程度上缓解了交通压力（图4-31、图4-32），并增强了奥林匹克体育中心的可达性，从而提高了场馆的使用率。在奥体中心举办大型活动时，龙奥大厦相关部门也提议

图4-29　经十路过街天桥现状图1

图4-30　经十路过街天桥现状图2

图4-31 奥体中心周边道路1　　　　　　　　图4-32 奥体中心周边道路2

下班时间可相对推迟，保证民众交通顺畅。经过一系列努力，奥体中心周边路段的交通压力有了一定程度的改善。

4.3 总体空间布局模式分类及特征

总体空间布局是体育建筑动态生命周期中的核心阶段，关联着前期策划与建筑设计的各个方面，是前期策划工作的落实点，也是建筑设计阶段的出发点。从体育建筑总体布局出发，合理的功能布置和便捷的流线组织是整个场馆高效和有序运作的第一步，是体育建筑设计的重中之重，两者相互影响，密不可分，相辅相成。合理的功能布置要求体育建筑的总体布局能够有效地将各功能部门组合成一个有机整体，为市民和运动员提供充分的便利；而便捷的流线组织则要求总体布局能快速方便地将各类人流引导至相应功能部门，同时也能把离开体育场的人流迅速有效地引离体育场馆并融入城市交通当中。体育建筑总体空间布局形式对于其交通和功能组织乃至其外部形象有较大的影响，并且与区位特点、项目类型、基地条件、用地形状、建筑形式、功能特点、交通组织等密切相关，应根据内在需求选择合理的布局形式，在功能布局、流线组织和外部环境三个层面建立明确场馆建设的总体秩序，高效利用现有资源，保持整体发展的科学、有序，确保在时间轴的每个点上体育场馆运行整体有序。

研究全运会比赛场馆的总体空间布局形式有助于把握全运会比赛场馆建筑本身与周边建筑的关系，比赛场馆因其本身的功能属性决定了其体量和建筑层高与周围居住、行政办公建筑的不同。而场馆的多元投资渠道以及多样性的空间布点方式，使比赛场馆总平面布局特征呈现以下三种类型。

4.3.1 单一式布局

"单一式布局"体育馆一般建设年代较早。最初建设时，由于比赛的规模、内容等原因，场馆建设往往就是独立场馆，配套的设置、功能简单，周边没有其他体育建筑，仅为比赛提供场所与服务，如皇亭体育馆。皇亭体育馆作为单功能体育场馆，其总图布局单一、独立，注重建筑自身的室内功能性，并潜在地影响周边地区的环境面貌；其经营模式往往使得体育馆利用率低、经营损失

图4-33 皇亭体育馆　　　　　图4-34 历城国际赛马场　　　　　图4-35 山东交通学院体育馆

图4-36 莱芜体育馆　　　　　图4-37 章丘体育馆

大、维修费高，对周边地区开发并无太多影响，但当有比赛或文艺演出时，交通流量上会对周边地区造成显著影响。皇亭体育馆因建成时间较早，所处位置为中心区的核心位置，随着人们生活水平的逐步提高，必将会对其进行优化升级，以提高使用率。总之这一类型全运会比赛场馆总平面的布局形式相对简单，空间的组织更注重体育场馆与周围环境的联系，大多对城市存量空间的再利用有着积极的意义（图4-33～图4-37）。

4.3.2　集中式布局

体育场馆的集中式布局一般以主体建筑（体育场或体育馆）为中心展开布局。从空间结构关系上，这种布局将几个场馆的功能空间紧密结合，实现体育场馆的规模化，从而提高效率，发挥单一式场馆无法产生的整体效益。这种集中式布局一般有两种方式：轴线式集中式布局和品字形集中式布局。

轴线式集中布局一般是在体育馆和体育场之间划分一条中轴线，呈明确的轴线布局。场馆的交界处设置观众集散广场，具有一定纪念性。这种形式大的空间关系明确，一般适合平坦方正的基地，且场馆并列不宜过多，否则会导致体育中心的流线过长，济南奥体中心属于这种布局方式。济南奥体中心规划布局分西、东、中心区三个区域。西区包括体育场、热身场、足球场及停车区，东区包括游泳馆、网球馆、体育馆三馆，以及室外网球、篮球场地和能源中心等。中心区平台连接东西场区作为赛时人流集散广场，也满足赛时及赛后运营的需要。济南奥体中心原有场区内地势复杂，南高北低，东西高中间低，中心区有暗河穿过，东区场地内的台地和环路高差变化大。建筑高度和入口布置均借地

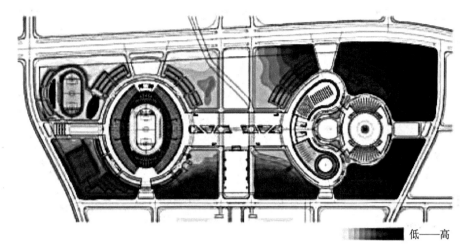

图4-38　济南奥体中心基地地势示意图
（图片来源：CCDI投标文本）

图4-39　济南奥体中心总平面示意图

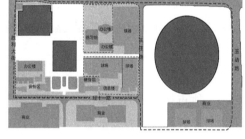

图4-40　山东省体育中心总平面示意图

势（图4-38）利用坡道及平台将不同建筑组织起来，既在功能上起到连接作用，又在景观中丰富了视线，使地形更好地融入建筑和景观之中。大型体育场区的规划和景观设计中充分体现体育特色，并考虑不同人流的出入安全与流线畅通，并为赛时赛后的利用提供灵活性。广场赛时需满足高峰时大量观众聚散，赛后则增加绿化、步道和健身广场，使之成为济南重要的全民健身中心。

品字形集中布局是指场馆共同围合出较强的空间中心感的布局，这种布局方式对于地形的适应性更强，并且缩短各场馆间的流线，可形成较强的空间围合感。品字形布局一般会采用放射或者对称的形式，如山东省体育中心属于品字形布局的变形，整体布局采用中心放射性的形式，在场馆之间布置广场与绿地，将其连为一体。

集中式布局的全运会比赛场馆不再是孤立的建筑个体，结合全运会比赛场馆"点"状空间，最终串联起城市体育空间节点，连"点"成"线"，聚"点"成"面"，形成与周围城市空间、室外场地相融合的布局模式（图4-39、图4-40）。

4.3.3　自由分散式布局

考虑到实际需要，比赛场馆可采用自由分散式的布局方式，自由分散式布局形式中对场馆的布局不一定是以单个建筑作为中心，可根据场地的形状和特性，灵活自由地对建筑、道路、集散广场

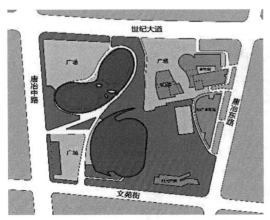

图4-41　历城体育中心总平面示意图　　　　　图4-42　山东省射击运动管理中心总平面示意图

以及室外运动空间进行布局。目前成熟的做法是将体育场馆与景观相结合，两者优势互补，较宽松的用地条件有利于体育场馆人流、车流的集散和交通组织，并且通过空间综合利用可以实现场馆赛时和赛后外部空间的多样利用；而体育场馆存在可以完善外部场地的健身、休闲功能，并为其带来大量的人气，有利于两者综合效益的发挥，如历城体育中心和山东省射击运动管理中心（图4-41、图4-42）。

由调研情况可知，以上三种总体空间布局模式各有特点，在济南市域全运会比赛场馆中均有应用，所占比例较为均衡。从比赛场馆实际使用情况来看，虽以举行体育比赛为主，但文艺演出也是不容忽视的重要部分。所以，比赛场馆总体空间布局模式的选择也需结合日后配备商业服务、休闲娱乐设施的可能性，使其更加符合现代体育发展的需要，也更加满足市民大众体育锻炼的需求。

4.4　总体空间布局演进

体育场馆的总体空间布局是建筑设计中最初始，也是十分关键的一个环节。济南市域全运会比赛场馆经历了从城运会到全运会、从单一型到复合型的功能发展历程，是我国体育建筑发展的缩影，其总体空间布局也随着时代的变化发生着改变。本节选取三个经历多次大型体育赛事和改造的场馆，分别探究其总体空间布局发展历程，如何回应周边环境变化，如何契合城市空间，实现场馆可持续发展。

4.4.1　山东省体育中心

山东省体育中心作为2009年第十一届全国运动会的比赛场地，在场馆建设及配套设施和城市基础设施等方面加大了投入，它的改造升级为全运会的开展提供一个更舒适、功能更强大、更符合比赛标准的体育场馆，为全运会的召开提供有效的硬件支持。体育中心现位于济南英雄山（原为马鞍山）下，属市中区管辖，背倚英雄山，面对城市中心区，周围空间开阔，绿树蓊然。省体育中心目前占地面积约35公顷，包括体育场、体育馆、游泳馆、综合练习馆（现用作健身馆）、办公楼及室外场地和附属设施。

4.4.1.1　总体空间布局演进

1974年山东省体育中心体育馆落成时，该场地规划场馆布局为"品"字形结构，包括体育馆、游泳馆、练习馆，此时布局以体育馆为中心（图4-43），规划将练习馆和游泳馆横向排列在比赛馆两侧，并以走廊将三馆连接成一个整体，三馆前有开阔的建筑广场，广场中间设置喷水池（喷水池同时作通风冷却水及进风部分使用）。体育馆北面墙基线距经十路100米，练习馆、游泳馆两馆北面墙基线距经十路均为35米，三馆墙基线距离各为25米，每馆周围布置有明确、宽敞的道路和游憩场所，这样布置提高了三馆并列的艺术质量，并争取较多的南向面积，同时室内天然光线从南北向来，符合各种体育运动的技术要求。虽然1974年原规划中的练习馆并未建成，并且游泳馆在1985年才得以落成，但后期规划布局变化并未涉及游泳馆。

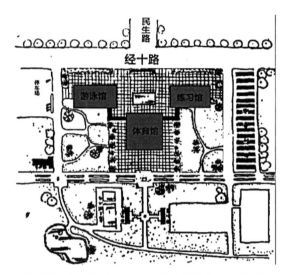

图4-43　1974年山东省体育中心总体布局示意图

而后于1981年，在原先平面布局的基础上练习馆南移，1974年规划的练习馆用地被练习场所替代，并在基地北侧和东侧完善了办公、住宿、食堂、仓库、机房等配套设备用房，基地北广场划设了停车位（图4-44）。

1985年，为迎接全国第一届城市运动会，省体育中心场区于1985年进行又一轮规划调

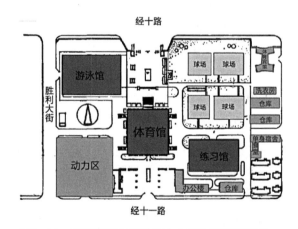

图4-44　1981年山东省体育中心总体布局示意图

整，规划了包括体育场、田径练习场、足球练习场、3个篮球场和4个排球场等体育设施。在体育馆区南侧，经十一路与马鞍山路之间规划了包括网球场、羽毛球场等场地在内的老年人运动场。此时的山东省体育中心布局转变为以体育场为核心，"品"字形格局被初步打破（图4-45）。

1995年，在山东省体育中心体育馆和山东省体育场之间，原练习场用地，建设了一幢高为17层的山东省体育中心办公楼。新增的健身馆、办公楼等场馆体量都比较大，原来品字形空间格局已经彻底改变，影响了原来三足鼎立的局面，总体空间的序列组织和节奏显得有些模糊。2004年又将体育馆西侧、游泳馆南侧的办公楼进行装修升级，作为第十一届全运会组委会办公所在地，比赛结束后作为山东省体育局办公楼，山东省体育中心布局至此定型（图4-46）。全运会结束后，山东省体

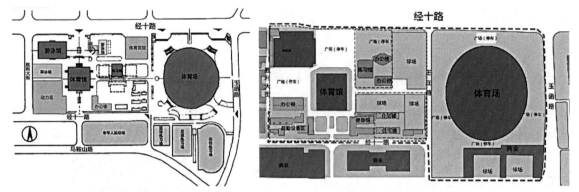

图4-45　1985年山东省体育中心总体布局示意图　图4-46　山东省体育中心现状布局示意图

育中心对自身进行功能优化，以适应比赛、全民健身与休闲并举的多功能体育公园的需要。体育馆、体育场强调北面广场作为场馆的主入口广场，同时作为绿化广场。

4.4.1.2　总体空间布局演进契合城市发展

比赛场馆的总体空间布局与城市的空间格局密切相关。山东省体育中心总体空间布局进行升级优化后，又激发了整个片区的发展动力，增加了周边地区的竞争力，充分拉动城区的升级改造。作为城市重要节点之一，山东省体育中心由于当时土地利用的约束，周边土地利用没有得到合理的置换，甚至安插不合理功能，制约了与城市的互动交流。如今山东省体育中心总体空间布局能够在满足自身疏散要求的同时，优化外部空间环境，增加城市开放空间的连续性。

（1）带动市中区体育产业蓬勃发展

山东省体育中心地处市中区，位于济南东西轴线的中端（图4-47），建设初期周边拥有大片可供开发的城市用地，其定位为济南市三层功能圈的核心区。市中区作为济南历史悠久的老城区之一，缺乏体育设施。而山东省体育中心一定程度上弥补了市中区体育场地缺乏的不足，并带动了体育事业的蓬勃发展，目前市中区共有22个体育场馆，相较之前大有改观。

（2）促进周边城市空间发展

20世纪70年代末，山东省体育中心周边除了北侧山东医科大学（现山东大学趵突泉校区）和必要的道路外，并无其他建筑，周边是远离市中心的一片村庄，名为王庄。20世纪90年代初的山东省体育中心，南侧先后建成新世纪商城、英雄山革命烈士陵园、英雄山文化市场等商业设施，初步形成具有一定规模的商业中心，北侧建设了山东电力医院、山东省医学科学院科研楼、山东书城，并成为重要的公交中转中心。2000年初，山东省体育中心周边有商业、贸易、文化娱乐、旅游服务所组成的公共服务区，服务区以外还有可居住十万人的住宅区。2008年，为方便市民服务

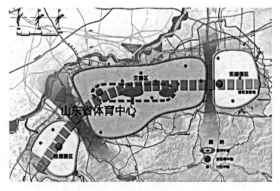

图4-47　山东省体育中心结构区位示意图

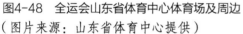

图4-48　全运会山东省体育中心体育场及周边　　图4-49　2018年山东省体育中心体育场及周边
（图片来源：山东省体育中心提供）

2009年的全运会，济南开通多条BRT线路，保证东部城区公共交通。而BRT3号线的开通，促使体育中心人流大幅增加，商业配套日趋完善（图4-48）。山东省体育中心联合周边商业开发以及英雄山公园形成商业娱乐、体育健身于一体的综合功能片区（图4-49）。

（3）契合可持续发展理念

受市中区用地面积的限制，新建比赛场馆必然会对现有城市环境和自然环境造成破坏，而充分利用既有场馆是具有可持续发展眼光的。山东省体育中心借助举办全运会的改造机会，使其总体空间布局得以优化，进一步完善了体育场馆设施。改造后的山东省体育中心没有破坏原有的建筑轮廓线，反而与自然景观和谐共生。

4.4.2　皇亭体育馆

早年，济南市内对市民开放的体育场地不多，场地一般分布在工厂、机关大院和学校内，皇亭体育馆成为济南市首个非隶属于某一工厂或机关的且具有举行全国赛事资格的体育馆。在2009年，皇亭体育馆承担了第十一届全运会举重（男子10月23～26日，女子10月17～20日）比赛项目，是济南市域四个改造升级的全运会比赛场馆之一。

4.4.2.1　历史沿革

此地原有万寿亭，亭内立着康熙的"恩谕"碑，每逢初一、十五，当地的官员们都要来此处朝拜，久而久之，此地便被当地老百姓们称为"皇亭"[①]。

1931年，城内皇亭址建立，定名为"济南市立体育场"，隶属市教育局。内分两个部分：一是球类、田径赛部，二是国术及器械部。

1942年重新修建了皇亭体育场，将场内原有的两座小亭、部分树木和石碑清理拆除，设有半圆形的200米田径场，场内有沙坑、铅球、铁饼、投掷区、足球门，田径场外设网球、排球场各1个，篮球场2个，还修建办公、会议、更衣室等；中华人民共和国成立后改称为"皇亭运动场"。

---

① 济南皇亭体育馆. http://sports.sdchin.

1951年始，每年进行场地维修，增设了铁质看台，虽然场地小、设备较简陋，但由于该场位置适中，交通方便，满足了群众锻炼和附近学校等单位开运动会及举办球类等体育项目比赛的需求。自建场以来的近四十年，尤其在"文革"前，该场为省内外大型竞赛活动提供了较好的场地、设施条件，贡献巨大。

1960年，此处新建了室外灯光球场①。

1965年，此处新建了游泳馆，同年改名为"泉城路体育场"②。

1985年12月，在原皇亭体育场址建成了体育馆，同时更名为"皇亭体育馆"③。当时是按举办国家级排球、篮球比赛的场地标准建设的，比赛场地铺设了木地板，顶棚安装了比较专用的灯具，比赛场地两侧还安装了当时比较先进的手动控制的电子计时计分设备。该馆于1986年6月5日开馆正式交付使用。

2008年2月立项对体育馆维修改造，改造后可容纳3800人。而后6年中曾多次承办全国、省级赛事。

2015年，皇亭体育馆主要场地不再向公众开放，市体育局将其划拨给济南市皇亭体育小学，供其内部教学、训练使用（图4-50）。

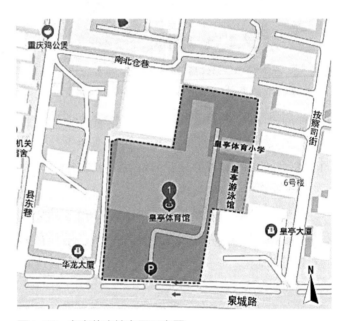

图4-50　皇亭体育馆布局示意图

4.4.2.2　总体空间布局顺应周边城市空间发展

由于皇亭体育馆建成年代较早，20世纪60年代初，其周边以老济南四合院和一些自建房为主，鲜有楼房。20世纪90年代初期，周边肌理有一定的变化，部分自建房被楼房取而代之。2004年，皇亭体育馆被选为第十一届全运会比赛场馆，较好的区位因素要求其改造升级后不仅要与附近省政协、水利厅以及省委省政府等机关单位和20世纪八九十年代建成的一批商住楼和住宅小区等周边区域内现存的空间肌理、街区形态、交通系统等城市环境元素相整合，还要与东西两侧的景观环境相适应。项目地块周边的城市肌理呈现明显的拼贴特征，东、北侧为致密的居住区，南侧则为城市游憩商业区，未来将以稀疏的高层公建为主，同时道路走向和等级也存在较大差别。从融入城市肌理和可达性设计两点入手，进而对建筑可识别性、公共空间多样性等方面进行升级改造，也一定程度地促进了周边城市建设，促进体育、文化、旅游、服务等公共设施，以及交通、市政、环境等基础设施系统的建设与发展，增强城市功能和可持续发展

① 济南皇亭体育馆. http://sports.sdchin.

② 济南皇亭体育馆. http://sports.sdchin.

③ 济南皇亭体育馆. http://sports.sdchin.

图4-51　华能大厦

图4-52　皇亭体育小学

图4-53　皇亭乒乓球馆

图4-54　金融超市

图4-55　世贸广场

图4-56　解放阁

的能力。其拉动作用主要表现在对住宅和基础设施的投入上，例如皇亭体育馆东侧原先为明湖小区东区和华能大厦的停车场，在全运会筹建时期，这里被改造为体育设施用地，供社区居民和广大市民健身锻炼，为优化城市功能布局创造条件。但全运会结束后，政策红利不再倾斜于此，缺乏有效的管理手段，皇亭体育馆举行比赛时造成多次交通堵塞，其周边基础设施和环境承载力也有所下降，致使其周边城市布局结构调整面临阻力。而后，皇亭体育馆东侧曾被征用作小操场的场地又被转型升级的华能大厦（图4-51）重新收为停车场，皇亭体育馆的公众性进一步降低。现阶段，皇亭体育馆正处于济南老城区核心位置，东侧为皇亭游泳馆，北侧为皇亭体育小学（图4-52），小学内设有篮球场、单杠和乒乓球训练馆（图4-53），与皇亭体育馆起到互相补充的作用；东南侧为环城公园，北侧为世贸广场，临近护城河，场馆融入城市发展的同时也不可避免地给周边交通带来了一定的压力（图4-54～图4-56）。

4.4.3　历城体育中心

4.4.3.1　建设历程

历城体育中心位于唐冶新区中部，北临世纪大道、南临文苑街、东临唐冶东路、西靠历城文体中心。世纪大道作为基地北侧的城市主干道，是对外联系的主要景观大道，东侧、南侧道路为城市次干道。该中心于2007年底动工兴建，2009年3月底落成。目前历城体育中心是历城区规模最大的体育中心，占地面积357亩，建筑面积10.8万平方米，总投资为3亿元，包括一场两馆（图4-57）。其中，体育馆有4000席位，建筑面积1.5万平方米，曾是第十一届全运会摔跤比赛场馆。健身馆有2万平方米，分为3层，底层为游泳区、水疗区、餐饮服务区，二层为球类运动区、健身休闲区、会员住宿区，三层为健身休闲区、会员住宿区，计划对公众开放（至今未开放）。

4.4.3.2 总体空间布局

由于体育中心内体育设施数量多，规模和建设时间不尽相同，因此总体空间布局考虑如何实现整体协调。历城体育中心以一条贯穿南北的河谷形成体育馆区、大众健身区

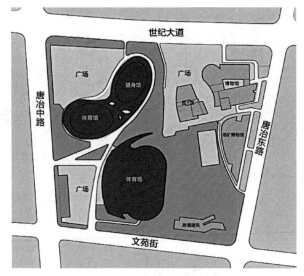

图4-57 历城体育中心总体布局示意图

和主题运动区，体育馆和健身馆位于西北侧，体育场位于东侧。体育场与体育馆和健身馆沿轴对称分布，强化主轴线的空间格局，形成体育中心新的总体建筑框架。由于体育中心用地比较紧张，体育场和体育馆相隔距离较近，形成彼此咬合却又相对独立的规划布局。体育馆出入口的前导空间，平时兼作社区公共活动广场使用，空间效率达到了最大化。体育中心各场馆在功能定位上突出实用性、专业性和群众性。

4.4.3.3 应对方案——优化总体空间布局，与城市功能高度复合

为应对历城体育中心赛后人流不足的问题，专家提议扩大历城体育中心空间布局，将历城文体中心纳入历城体育中心总体布局中。2012年，历城区唐冶新区管理委员会投资建设第十届中国艺术节历城区文体中心，华南理工大学孙一民工作室团队进行了多轮方案的完善和比选，综合考虑诸多比选方案的优缺点，最终形成规划方案一举中标（图4-58）。可持续经营是文体中心规划的核心要义，城市不仅需要一个"精美硕大的城市雕塑"，更需要以文体中心自身的持续发展作为城市发展的动力引擎。中标方案定位为：以文体中心为载体，以地域文化为纽带，将文化博览、会议会展、新闻传媒、休闲娱乐、商务办公、全民健身等城市功能高度复合，打造城市"复合功能活力区"。

方案充分尊重原有地形和现状建筑，

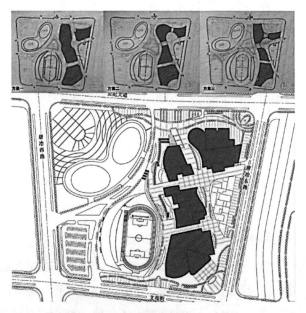

图4-58 规划方案比选与最终方案
（图片来源：孙一民工作室）

紧密联系城市，积极探寻城市空间线索，通过建筑界面的围合、渗透与引导，整合基地狭长破碎空间，重塑开放、高效、共享的公共空间体系。重视文体中心建筑布局对室外公共空间的积极影响，力图寻求建筑功能、室外公共空间与城市架构相协调的总体布局，最大程度吻合周边原有的城市肌理。

文体中心的整合设计从城市可持续经营角度出发，将各个功能区块与现状建筑，以线性街巷空间相串联，整合成为功能互动、充满生机的运营整体，进而形成混合了体育娱乐、零售餐饮、文化展览、特色办公等多种设施的城市综合服务区。方案融入整体格局（规划结构分析图），空间层次分明（空间结构分析图），渗透关系良好（空间结构分析图），积极导入人流（交通流线规划图），空间尺度宜人（公共开放空间分析图），功能分区明确（功能布局分析图），便于分期实施（分期建设图），建筑界面流畅、规则。

文体中心作为大型城市综合体，在建筑设计中积极引入城市设计的理念。通过合理组织建筑界面、造型标志物、公共空间形态、空间节点景观等要素，使得大型城市综合体俨然成了极富街巷空间魅力的"微城市"。沿主街水平展开的街区式布局和逐级连续抬升的体量设计消解体育建筑空间对场地的压力，配合以中央街道、下沉广场和地面绿化的设计，以平缓舒展的视觉感受替代集中式多层体育建筑的标志性，与周边自然环境相整合。与场地周围丰富的景观资源的整合设计主要从视觉适宜性和室外绿化环境营造两方面进行，对室外场地的处理考虑与周边绿地的互动，场地与历城区鲁能体育公园相隔，部分体育场地剩余作绿地环境开发，延续城市休闲绿地系统。

历城文体中心方案设计有层次丰富的游憩空间，其较步行街道放大多倍的尺度和整体由东至西逐渐变宽的设计使得街道整体可作为城市游憩空间使用，可容纳慢跑、滑板等户外活动和室外休闲功能，结合绿化环境设计的街道西侧入口，更可作为城市广场容纳各类集会活动；中央下沉广场作为交通节点，丰富了街道空间体验，两侧建筑体量的相对围合形成了可容纳社区大型集会活动、临时展演活动的硬质广场空间，以多样化、可变的空间体验吸引各方向人流，与体育中心之间的界面设计使室内外空间及活动相互渗透，同时以良好的绿化和丰富的视觉体验为户外社交和休闲娱乐活动创造优质的环境。综上，历城文体中心尺度及围合关系、空间形态、环境氛围可容纳多样的室外活动，以丰富的视觉和空间体验构建起多层次的室外公共空间体系。

单体设计采用连续水平线条的金属百叶作为基本元素，通过层层百叶的错动，勾勒出灵动、活泼的建筑形象。金属百叶之间，局部设置穿孔板点缀其间，细节层次丰富，整体形象简洁，与历城体育中心造型整体协调。

而后文博中心一期落成，辐射带动了周边地区的持续开发。文博中心的公共空间节点与建筑形态相契合，注重公共空间的人性化尺度，营造尺度宜人、文化气息浓厚、易于引发交流的活动场所，促进文博中心与体育中心各部分功能与室外公共空间的融合。文博中心采取空间开放渗透结构，通过建筑界面及建筑标志物的空间限定，形成流线主轴、流线次轴和内向型广场节点，并与城市形成良好的渗透衔接关系；同时，具有方向性的空间界定对人流产生引导作用，将市民引入其中，使整个文体中心区域成为开放的、积极的、可渗透的交流场所，进而引导公共生活的形成，为文体中心带来持续的城市活力和凝聚力，同时以弹性的边界、多样化的空间形态丰富了城市公共空间体系，对历城体育中心的可持续利用起到了积极正面的作用。

通过对济南市域全运会比赛场馆总体空间布局的分类梳理，可以发现在不同空间布局模式下，整体性是其内在逻辑的共性。这种整体性不仅标榜与建筑造型的关系更加紧密，更彰显出比赛场馆总体空间布局只有契合城市发展，才能实现两者双赢。

4.5 第十一届全运会对济南市体育设施布局模式的影响

4.5.1 全运会举办前济南体育设施发展及布局概况

济南现代意义上体育场馆的出现是非常晚的。清末以后，济南基督教青年会设有的健身房及室外网球场是济南最早的体育场馆。随着近代教育的发展，济南在学校中开办专门培养体育人才的系科，从1911年的山东优级师范附属"体育专修课"（48人）起，历经第一师范、南华学校体育系缓慢发展。1928年8月，南京国民政府教育部根据山东省教育厅的报告，下令在省立山东大学的基础上筹建国立山东大学，为改善办学条件，添购图书、仪器，先后建成了科学馆、工学馆，并修建了几座简易的小型室内体育馆。为服务于学校，济南的体育场馆有了一定发展。但是，总体来说，这一阶段济南市体育场地缺乏，设施简陋，全城仅有两座公共竞技体育场所——山东省立第一公共体育场和济南市立体育场。国民党山东省政府在1929年对省立第一公共体育场进行了整顿和扩建，添设了球类及田径场地，更名为山东省立民众体育场。1931年为迎接在济南举行的第15届华北运动会（图4-59），田径场进行了整体扩建。田径场为半圆式，周长400米，设10条分道；修建了高5.5米、可容纳民众1万余人的四周看台，并在北看台正中设大尖房顶的主席台一座。1933年，在田径场东侧又增添篮球、网球场，并修建健身房一座，场地占地面积2.1万平方米，建筑面积1.68万平方米，略具规模。另一体育场在济南市城内皇亭址建立，即前文所述的"济南市立体育场"。而后山东省教育厅成立了省体育委员会，继之亦成立了济南市教育局体育委员会，次年又成立了"研进体育委员会"和"青年会体育委员会"。1940年，山东省教育厅设置保健股，市教育局增设体育室，实际上一切工作必须遵从日本侵略者的旨意，机构形同虚设。抗战胜利后，1946年在济南进德会（图4-60）建有游泳池，玻璃房顶、水泥看台，可容500名观众。游泳池长50米，宽15米，两端水深分别为1.55米和1.5米，设有高低两级跳板，分别距水面1.5米和0.5米，整个游泳池设备之完备程度，为当时华北之首。

图4-59　1931年在济南举行的华北运动会入场式
（图片来源：济南市档案馆）

图4-60　进德会游泳馆
（图片来源：http://news.e23.cn/）

图4-61　济南英雄山游泳池
（图片来源：http://news.e23.cn/content/html）

但囿于阶级差异，只面向部分群体开放。

　　中华人民共和国成立后，济南市体育方面的有关事宜由团市委、市文教局（先由文化科兼管，后由体育科负责）领导管理，体育场馆逐渐增加。1951年始，济南市政府对皇亭体育场进行了场地维修，增设了铁质看台。皇亭体育场场地虽小，设备较简陋，但由于该场位置适中，交通方便，满足了群众锻炼和附近学校、单位开运动会及举办球类等体育项目的比赛需求，所以自建场以来的近四十年，尤其在"文革"前，该场为省内外大型竞赛活动提供了较好的场地、设施条件。在国家第一个五年计划期间，济南市政府又根据当时的经济技术条件，新建了青年公园。青年公园分为两部分，其中两端划归济南市文教局管理，随即修建了300米跑道和简易灯光球场，并在周围设置了单双杠等攀登器械，而后又对其进行了扩建。这一阶段还新建了英雄山游泳池（图4-61）和天桥区游泳池，以及跳伞塔、射击靶场、皇亭室内游泳池等场馆。特别指出，南郊宾馆游泳馆建成于1958年，占地3250平方米，建设面积为2795平方米，观众席位200个，其中游泳池（系练习池）长15米、宽3米、深1.5米，在当时建设规格很高。这一阶段，许多机关和企事业单位建立了灯光篮球场，为群众性体育活动的广泛开展创造了条件，开创群众性体育活动的局面。

　　"文革"早期，在极"左"思想的冲击下，济南的体育事业发展停滞不前，体育场馆也未有大的增加。这期间仅有济南第二工人文化宫体育场落成使用。济南第二工人文化宫体育场于1968年建成，建筑面积1.58万平方米，设有8条跑道的400米田径场，并有投掷区和跳远使用的沙坑3个；田径场内有草皮足球场长120米、宽90米，有容纳8000名观众的四周看台；田径场外另设有土质足球场和篮球场。由于该体育场地处济南市北郊，为广大市民创造了良好的锻炼场所，尤其为附近工厂、学校等单位举行运动会及篮球、足球项目的比赛提供了便利条件。第二工人文化宫体育场还经常举办田径、乒乓球、足球裁判员的培训和工人棋类、桥牌、武术、游泳、气功等项目的比赛和表演，很受职工的欢迎。"文革"的后期，因为当时对外交流的特殊历史原因，济南体育馆建设也有了一定的发展，陆续地新建和改建了一批规模和等级不是很高的中型、小型体育场馆。

改革开放以来，济南体育事业加快了发展步伐，体育场馆的建设也翻开了新的篇章。1979年，济南市英雄山下建成了山东省体育中心体育馆。1981年天桥体育馆建成，该场馆建筑面积有1760平方米，室内场地高9米，比赛场地长34米、宽22米，有电动计时记分设备，看台为砖混结构，观众座位多达2258个。1982年济南郊区体育馆建成，该场馆占地2500平方米，建筑面积为1543平方米，馆内比赛场地长32米、宽20米，有电动计时记分设备，设2067个观众席位。1984年，济南市郊区王舍人镇王舍人村农民集资350万元，拨地150亩，先后筹建了包括体育场区、游乐园区、接待服务区三区一体的大型文体中心，其中体育场占地面积2000平方米，有8条400米跑道，跑道面层为煤渣铺设，包括长90米、宽45米足球场，看台为钢混结构，设600个观众席位。不仅如此，王舍人村农民还率先建成了"中心文化站"和"青年之家"，也修建了篮球场、旱冰场、摔跤房、乒乓球室等。1985年5月，山东省第一届农民运动会以及同年10月的首届全国农民田径运动会就是在这里举行的。在农民自己兴建的田径场上开省级运动会，这不仅在我省，在我国也尚属首次。这在当年轰动一时，被新华社评为全国十大体育新闻之一。由此可见，这一阶段济南市随着群众体育运动的深入发展，出现了集体和群众集资兴办体育设施场馆的好势头。1985年8月，济南市政府翻建第二工人文化宫游泳池，12月在皇亭体育场原址上建成皇亭体育馆。据统计，截止1985年济南全市（包括省驻济单位，不含部队、铁路系统）已有体育设施、场地58个，其中体育场2个，运动场12个，体育馆2座，游泳池14个，有固定看台的灯光球场2个，健身房、球类房、体操房18处，旱冰场3个，跳伞塔1座，射击场4处；全市体育场所共有座席4万个。1988年槐荫区室内游泳池竣工，而后扩建了射击靶场，并修建完工了历城、章丘、长清和平阴四个县的体育场。这一阶段建成的山东游泳馆、训练馆、运动员接待大楼及可容纳5万名观众的大型体育场将与山东省体育中心体育馆连在一起，组成全省的现代化体育中心，这些体育场馆建成后，不仅可以承担全国规模的运动会，而且也能接待国际大型体育比赛和表演。这一阶段，各区、县以及厂、矿、企事业和各类学校的体育场馆设施也都有了一定的发展。

20世纪90年代初期，济南市没有进行大规模的体育场馆建设，对现有的体育场馆普遍采用二次改造的方法进行合理优化。迈入21世纪，济南市确定了"东拓、西进、南控、北跨、中疏"十字方针①，体育场馆也大力改革发展。体育场馆顺应大规模土地置换和城市中心传统制造业向郊区转移的趋势，发展速度是前所未有的（表4-3）。这一阶段，济南体育设施分布以点带面，协同发展（图4-62、图4-63）。

---

① 东拓：向东沿"胶济产业带"形成未来城市的主要产业发展带；西进：开发建设西部新城，并继而向西跳过玉符河隔离带，建设发展西部片区；南控：保护城市的绿肺和泉水的命脉，严格控制城市向南部发展；北跨：选择时机跨黄河向河北发展；中疏：疏解主城区职能和压力，增加开阔空间，恢复泉城历史风貌——济南市城市空间发展战略研究. 济南市规划局，2003.

全运会举办前济南大中型体育场馆统计表　　　　　　表4-3

名称	所在地址	建成年份	规模	观众席位	主要设备情况
山东省立民众体育场	济南南圩子门外	1929	20846平方米（1933年扩建）	10000余人	—
皇亭址体育场	济南泉城路	1931	—	—	—
青年游泳池	济南黑虎泉西侧	1933	40米×14米（1972年扩建50米×15米）	—	—
进德会游泳池	济南经七路	1946	—	500人	—
青年公园	济南槐荫区六大马路	1954	300米跑道（1975年改建）	3000人	简易灯光球场
济南市跳伞塔	济南经十路	1957	65000平方米	—	—
山东省体育运动技术学院排球房（两个）	济南市文化东路	1957	714平方米 761平方米	—	—
山东省体育运动技术学院体操房	济南市文化东路	1957	1360平方米	—	—
山东省体育运动技术学院400米跑道田径场	济南市文化东路	1957	—	—	—
济南南郊宾馆游泳馆	济南马鞍山路	1958	2795平方米	200人	—
山东省体育中心游泳馆	济南经十路	1959	13600平方米	—	—
山东省体育运动技术学院足球场（3个）	济南市文化东路	1964	90米×60米、104米×70米（2个）	—	—
山东省体育运动技术学院网球场	济南市文化东路	1964	60米×40米	—	—
山东省体育运动技术学院篮球房	济南市文化东路	1964	1914平方米	—	—
英雄山游泳池	济南英雄山下	1964	50米×20米	—	—
济南第二工人文化宫体育场	济南成大路	1968	—	8000人	—
山东省体育运动技术学院室内游泳池	济南市文化东路	1976	1018平方米	—	—
山东省体育运动技术学院举重房	济南市文化东路	1976	394.8平方米	—	—
山东省射击运动学校（现为郭店体校驻济办事处）50米跑猪靶场	济南历下区姚家庄	1976	—	—	—
山东省体育中心体育馆	济南经十路	1979	17393平方米	8822人	—

续表

名称	所在地址	建成年份	规模	观众席位	主要设备情况
山东省射击运动学校（现为郭店体校驻济办事处）小口径步枪靶场	济南历下区姚家庄	1982	60个靶位	—	—
山东省射击运动学校（现为郭店体校驻济办事处）室内射击场	济南历下区姚家庄	1982	10个靶位 410平方米	—	—
济南市郊区体育馆	历城洪家楼	1982	1543平方米	2067人	电动计时记分
济南市天桥体育馆	济南堤口路	1985	1760平方米	2258人	电动计时记分
济南王舍人文体中心体育场	历城王舍人镇	1985	2000平方米	6000人	—
皇亭体育馆	济南泉城路	1985	13700平方米	4387人	电动计时记分
济南平阴县体育场	平阴县城	1985	21060平方米	3500人	—
山医大体育场	济南文化西路	1986	9800平方米	2000人	—
济南章丘县体育场	章丘明水镇	1986	19173平方米	3000人	—
山东省体育中心体育场	济南经十路	1986	55410平方米	—	—
山工大体育场	济南经十路	1987	14000平方米	6000人	—
山东铝厂体育馆	山东铝厂西山路	1988	4706平方米	3143人	—
山东省石化经济学校体育馆	济南工业南路	1988	2802平方米	1262人	电动计时记分
山东省射击场	郭店机场西北角	1988	7500平方米	—	—

表格来源：作者根据老照片和有关资料整理

图4-62 全运会举办前济南体育设施宏观布局演进历程示意图1
（图片来源：济南市规划局）

图4-63 全运会举办前济南体育设施宏观布局演进历程示意图2
（图片来源：济南市规划局）

4.5.2　后全运会时期济南市体育设施现状特点

2004年，山东省政府正式向国家体育总局递交了申办十一届全国运动会的申请，2005年2月25日，国务院办公厅复函同意山东省承办2009年十一届全国运动会。为此，山东政府投入了105亿元建设了129个训练场馆和比赛场馆，其中新建了44个场馆，改造维修了85个场馆；为更好地配合全国运动会推广全民健身，济南市政府还投入了50亿元对全民健身场馆进行了改造和建设，其中包括全民健身中心、妇女儿童活动中心等7项全民体育工程，另外还有7项新建的健身公园、7项广场优化工程、6项区级健身工程、9项社区健身中心及乡镇文体中心。在乡村层面，济南市为909个行政村配建了体育设施，共计投入797万元。直至全国运动会举办前夕，济南市完成建设体育配套工程达300万平方米，其中包括市级约30万平方米、区县级约270万平方米，实现了体育设施配套大幅增加的目标。这一时期，全省体育设施面积新增加了220万平方米。山东省按照"举省办全运"的办赛模式，将比赛场馆主要规划分布于济南，另外在全省其他16个地市也都有比赛项目，各个地市都相应新建或改建各类体育场馆。济南比赛训练场馆总计36座，约占所有比赛场馆的56%，其中结合大学校园建设了三大体育赛场，分别是位于济南东部山东体育学院新校区自行车、飞碟两所比赛场馆，位于西部山东交通学院长清大学城校区的拳击比赛场馆（图4-64）。

山东省体育中心

历城区体育中心

市妇幼活动中心全民健身中心

改造中天桥区体育馆

解放阁体育馆、青年游泳馆

槐荫区体育场

市皇亭体育馆

长清区体育场

长清区体育馆

图4-64　济南市部分体育设施现状照片
（图片来源：济南市体育局）

4.5.2.1　按级别分类

全运会的成功举办对济南市公共体育设施发展有极大的促进作用，结合济南市区域性体育中心城市的定位，依据国家、山东省以及济南市相关政策、规划、规范标准，济南市公共体育设施配置按级别分为四级配置体系，即省市级、区级、居住区级和居住小区级四级[①]（表4-4）。

济南市各级体育场馆统计表　　　　　　表4-4

等级	人均用地指标（平方米）	主要设施		服务人口（万人）	服务半径（米）	用地面积（公顷）	建筑面积（万平方米）
省市级	0.20	主要场馆	体育场	100~200	—	8.6~12.2	—
			体育馆	100~200	—	1.1~2.0	—
			游泳馆	100~300	—	1.3~1.7	—
			射击场	100~300	—	10	—
		其他场地	练习场、赛马场、乒乓球馆、篮球场、网球场、羽毛球场、垒球场、乒乓球场等	—	—	参照相关场地设置标准规范设置	—
区级	0.315	主要场馆	体育场	30~40	—	5.0~5.2	—
			体育馆	30~40	—	1.0~1.3	—
			游泳馆（池）	15~20	—	1.25	—
		其他场地	篮球场、网球场、羽毛球场、垒球场、棒球场、乒乓球场、体育公园等	—	—	参照相关场地设置标准规范设置	—
居住区级	老城区0.25 新城区0.3	主要场馆	体育活动中心	—		1.0~1.5	0.35~0.5
		其他场地	健身场地、排球场、篮球场、羽毛球场、游泳池、足球场以及儿童活动场所等	—	1000	参照相关场地设置标准规范设置	—
居住小区级	老城区0.25 新城区0.3	以健身点、儿童游乐场为主		—	300~500	—	—

---

① 济南体育设施集中三大区域. http://www.cqupb.gov.

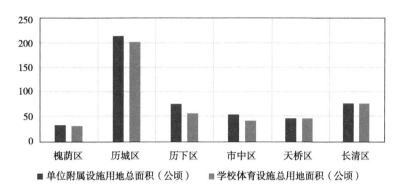

图4-65　济南市单位附属体育设施用地面积概况

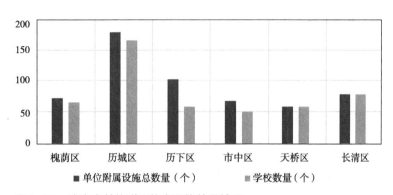

图4-66　济南市单位附属体育设施数量情况

4.5.2.2　按运营主体分类

改革开放前，体育场馆大部分属于国有，用于国家、省、市级运动队比赛训练较多。改革开放后，随着经济体制的优化，体育场馆分类与性质也有了巨大改变。根据运营主体，济南体育设施可以大致分为三类：政府运营类、企业投资类、单位配套类。政府运营类是指由政府独立投资，用于赛事举办、社会健身等体育活动的体育场馆。企业投资类是指由企业投资的经营性体育场馆，通常结合酒店、商场等共同经营。单位配套类主要是指大型企事业单位、学校等人口集中区域，进行配套建设的体育场馆。济南市城市规划区范围内共有单位附属设施580处，总用地面积为499.39公顷，其中，学校497处，学校体育设施用地面积455.89公顷。单位附属设施主要集中在学校（包括大专院校、中小学以及各类技校）。从空间分布来看，各区单位附属体育设施不论在数量上还是在面积上均分布不平衡，历城区数量最多，且面积最大，天桥区数量最少，槐荫区面积最小（图4-65、图4-66）。

4.5.2.3　按经营性质分类

根据经营性质济南体育设施又可分为公益型、事业型、盈利型三类。公益型体育设施属国有性质，事业单位，主要面向运动员进行比赛训练以及社会福利性的体育活动，山东省体育局训练中心、济南奥林匹克体育中心、皇亭体育馆、历城体育馆、山东省体育中心等都属于此类。公益型体育设施多为大中型，投资巨大，一般为政府全额拨款建设，既承担着上级交给的比赛训练任务，又肩负提供全民健身场馆的任务。事业型体育设施特指学校及国企、事业单位所管辖配备的体育设施，服务对象主要对内，分时段对外。事业型体育设施一般是由单位自筹、国家财政补助的方式投资建设的。盈利型体育设施以获取利润作为直接目的，具备很强的市场竞争力，济南由私人投资建设的小型篮球场、羽毛球场都属此类。

4.5.3　后全运会时期济南市体育设施布局模式

济南现有的可供市民使用的体育设施大多是为2009年第十一届全国运动会兴建或改建的，其后体育设施的规划建设都是在此基础上优化发展的。全运会后新修编的济南市公共服务设施标准，在体育设施方面又有了更大的提高。目前济南市体育设施配套标准，参照居住区配套标准按照人均指标的方式分为四级配建。其中省市级人均指标为0.18平方米，区级为0.32平方米，新建居住区为0.3平方米，旧的居住区为0.25平方米[①]，与其他城市相比较，这一配置标准是比较高的。全运会后，济南体育设施分布特点可以总结为以下四点。

4.5.3.1　"集中加分散"布局模式

国内省市级公共体育设施多采用体育中心与单项体育场馆相结合的"集中加分散"布局模式（表4-5）。集中布局的综合性公共体育中心有利于大型赛事的举办，但存在体育设施使用率不高、不利于赛后运营等问题；分散布局的单项体育场馆临近居住区，在比赛时会对周边地区产生一定的干扰，但有利于赛后利用。"集中"和"分散"相结合，将有利于两方面问题缓解。十一届全运会期间，体育设施布局采用了"集中加分散"的模式，集中分布的有山东省体育中心和济南市奥体中心，分散布局的有皇亭体育馆[②]和山东交通学院体育馆等。这也奠定了日后济南体育设施布局的总体基调。

北京、上海、广州、南京体育设施布局比较对比　　　　　表4-5

城市名称	六普基本数据（2013年）	规划布局模式
北京	各类体育场地20083个，总建筑面积6528200平方米，人均体育场地面积2.26平方米	大中小型体育设施组成，集中与分散相结合的总体布局
上海	各类体育场地38505个，总建筑面积6296400平方米，人均体育场地面积1.72平方米	集中与分散相结合，市区两级体育中心集中布局
广州	各类体育场地19650个，总建筑面积5849300平方米，人均体育场地面积2.3平方米	集中与分散相结合，多中心、多功能的空间布局
南京	各类体育场地11652个，总建筑面积2758100平方米，人均体育场地面积2.91平方米	由体育核心片区、体育健身带、社区体育设施和其他体育设施构成的空间布局

① 济南市体育专项规划（2008—2020年）. 济南市规划局.
② 荣文智. 大连中心城区公共体育设施配置研究［D］. 沈阳：沈阳建筑大学，2012.

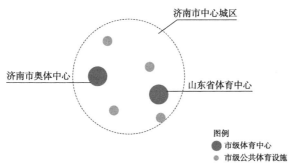

图4-67　济南市省市级体育设施布局
（图片来源：济南市体育设施规划）

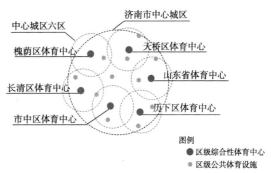

图4-68　济南市区级体育设施布局
（图片来源：济南市体育设施规划）

区级公共体育设施布局分为"集中"和"分散"两种模式。目前济南市仅历城区、长清区与槐荫区各有一个综合性的区级公共体育中心，形成集中布局模式，其他各区区级公共体育设施还需加强建设，尚未形成固定的布局模式。

全运会结束后，济南按照《城市居住区规划设计规范》GB 50180—93（2002年版）对居住区公共服务设施按规定布点设置，以居住区级公共体育设施服务半径不大于1000

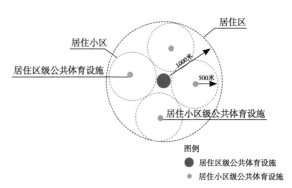

图4-69　济南市居住区级和居住小区级体育设施布局
（图片来源：济南市体育设施规划）

米，居住小区级公共体育设施服务半径不大于500米为依据。居住区级公共体育设施以满足社区居民更高的体育锻炼需求为第一要义，而居住小区级体育设施以能满足居民基本锻炼需求为基准（图4-67～图4-69）。

4.5.3.2　体育设施系统层次不均衡发展

济南市体育设施子系统分为三个层次：城市体育比赛中心、规划分区体育中心、居住区大众体育中心。济南城市体育比赛中心和规划分区体育中心已基本形成，但方便市民到达的居住区大众体育中心建设滞后，尚未做到与体育事业的发展同步前进，导致群众可达的体育活动场馆数量较少。目前，济南人均体育用地面积同北上广等一线城市相比，差距较大，社会开放程度也远远不够，需要加快这方面的建设以适需要。

2016年，济南市中心城区人均体育用地0.5平方米，刚达到《城市公共设施规划规范》GB 50442—2008人均0.5～0.8平方米的国标下限（表4-6）。从规模配置水平来看，总体配置水平刚刚达标，但分区差异巨大。在各分区中，东部新区达标，而西部老区则明显不足。

	2016年济南市体育设施规模统计表		表4-6
区域	常住人口（万人）	体育用地（公顷）	人均体育用地（平方米）
历城区	98.9	98.6	1.0
历下区	78.4	76.6	1.0
市中区	69.7	35.3	0.5
天桥区	62.6	1.8	0.0
槐荫区	45.3	0.8	0.0
长清区	35	0	0.0
章丘区	9.1	0	0.0
合计	400	214.5	0.5

表格来源：济南市体育局

4.5.3.3　大型体育场馆郊区化

大型体育场馆郊区化是目前国内体育场馆建设的普遍趋势。在城市土地日趋紧张的今天，将大型体育中心设置于郊区，有利于举行大型体育集会时疏散人流，并带动新区的建设和发展。由于用地规模较大，济南新建的大型体育场馆偏离老城区市中心，这样的布局方式一方面确实有利于解决大量交通造成的城市压力，并可通过短暂的集中交通解决大型赛事时的体育场馆实用问题；另一方面虽然新建场馆大都沿交通干线分布，临近二环路、经十路等城市快速路，但是由于平时的运营中城市交通及配套设施可达性未到预期，出行体验感较差，降低了体育场馆的使用效率。

4.5.4　布局层面制约济南市体育设施可持续发展的主要问题

4.5.4.1　问题一：体育设施体系失衡

体育设施体系失衡，省市级体育设施较为完善，区级、居住区级、居住小区级体育设施缺乏、单一、规模偏小。2009年济南中心城区省市级体育用地199公顷，根据中心城区人口430万测算，人均0.46平方米；区级体育用地32公顷，根据中心城区人口430万测算，人均0.07平方米；中心城区现状居住区级、居住小区级公共体育设施共568处，总面积为50.02公顷，按规划期末人口430万人计算，人均公共体育设施为0.116平方米。体育设施用地体系失衡，缺乏区级、居住区级、居住小区级体育设施。并且由于传统观念重竞技轻全民健身，导致高等级体育设施配套相对完善，低等级体育设施配套单一。

4.5.4.2　问题二：各区体育设施规模、质量差异大

现有区级公共体育设施大多集中于旧城片区以内的区域，但在城市向外围快速拓展的同时，旧

城片区以外的区级公共体育设施的建设仍相对滞后[①]；居住区级、居住小区级公共体育设施主要集中在天桥区，其他各区居住区级、居住小区级体育设施相对较少。体育设施的分布不均衡，无法体现公平性。

4.5.4.3　问题三：群众性体育设施覆盖不均

群众体育设施主要分布在居住区和企事业单位（含学校），共1148处，公园和广场中较少，仅为55处。单位附属体育设施中主要集中在高校、中小学，由于体制管理的问题，单位附属体育设施开放率较低，其中不开放的占58.39%，全天开放的占35.46%，部分时段开放的占6.15%。开放的主要为居住用地、企事业单位。

4.6　本章小结

全运会比赛场馆是济南城市建设的重要组成部分，也是城市发展史中不可或缺的一页，它由城市孕育并发展，在特定时期承担着重要的城市职能，所蕴含的科学价值、美学价值、社会文化价值、经济利用价值，集中展现了济南的地方特性和时代特性。其场馆布局应根据自身特点合理选址，不但需考虑可依托的自然地理条件，还应考虑其生存、发展的宏观经济地理环境、城市基本格局，以及微观地理环境和周边经济、服务、相关产业、居民群体因素等。

本章提出将比赛场馆依据选址与区位关系分为城市中心型场馆、近郊型场馆、远郊型场馆、卫星城独立型体育场馆。这四种类型各有利弊，城市中心型和近郊型场馆可依托的基础设施较完善，人气较足，建成初期可基本满足居民需求，但随着城市的发展，中心地段升值过快，交通压力大，常造成体育场馆自身更新和拓展不便，跟不上城市发展需求。远郊型场馆和卫星城独立型场馆在城市宏观布局上有较强的拓展作用，但人气不足。四种选址应结合考虑，在地理分布上相互呼应，构成一个完善、合理的布局结构。

济南市域全运会比赛场馆是开展大型赛事的重要空间场所，是全民健身计划的有力保障，其布局选址结合城市空间发展有利于实现场馆可持续利用。济南市域全运会比赛场馆布局选址采取了与城市休闲公园结合、与文化中心结合、与学校结合、与商业结合、与办公结合的方式，还需切实考虑场馆周边道路可承载的交通流量，避免大型赛事时造成过大的交通压力。

济南市域全运会比赛场馆总体布局特征可归为三类：单一式布局、集中式布局、自由分散式布局。单一式布局建造较早，简洁、独立，对城市存量空间的再利用有着积极的意义；集中式布局空间围合感更强，这种布局方式有利于缩短各场馆间的流线；自由分散式布局更加灵活，有利于比赛场馆的交通组织。

本章通过对三个经历多次大型体育赛事和变迁的全运会比赛场馆总体空间布局的分类梳理，可以发现在不同空间布局模式下，整体性是其内在逻辑的共性。这种整体性不仅标榜与建筑造型的关

---

① 曾建明. 我国大型体育赛事场馆的空间布局研究［D］. 湖北：华中师范大学. 2013.

系更加紧密，更彰显出比赛场馆总体空间布局只有契合城市发展，才能实现两者双赢。

本章通过回顾济南市体育设施布局发展概况，阐述了举办第十一届全运会给济南体育设施布局模式带来的影响。最后得出应在前期阶段将比赛场馆选址布局与城市发展紧密联合起来，实现场馆自身的可持续利用。

|第五章| 济南市域全运会比赛场馆可持续发展特征研究

5.1 研究背景及视角

联合国世界环境与发展委员会（WCED）在1987年《我们共同的未来》中确立了"可持续发展"的定义："既满足当下的需求，又不损害后人资源并满足其需求的发展模式"。它包含了三个方面：环境要素、社会要素和经济要素。至今为止，可持续发展的概念仍然是整个世界发展的主题和原则，当代人类的一切活动，都要以不损害子孙后代的利益为前提。

在当今社会，能否成功举办大型体育赛事已经成为是否为国际性大都市的重要标志，承办高规格体育赛事能加快推动城市经济、社会和文化各方面发展。然而大型体育赛事承办要求严格，对场馆的规模及配置提出了更高要求，新建比赛场馆和改造既有场馆成了必然趋势。像奥运会、全运会这类大型体育赛事，可能仅在同一城市举办一次，即使再次举办也是若干年以后。然而这样的赛事背后则是巨大的投资，这就使得比赛场馆必须走可持续发展的道路。

5.1.1 发展背景

全运会比赛场馆是为满足竞技比赛而设定的，但实现场馆可持续发展必须考虑平日比赛和市民日常生活锻炼，而影响体育场馆可持续利用的因素是多元化的。通过对现状调研及研究分析发现，第十一届全运会比赛场馆可持续利用与社会发展大环境是分不开的，囊括城市规模发展、竞技体育发展、低碳经济发展，以及满足全民健身、彰显地域特色的五个背景要素。

（1）城市规模发展

体育场馆常被作为城市空间和景观的重要节点，成为促进城市区域整体发展的建设手段。更多的人愿意在体育设施周边居住，从而使城市更具吸引力，便于规模的扩张。济南大型公共建筑较为缺乏，全运会比赛场馆可持续利用需考虑城市发展对于公共建筑的需求，以及对济南整体城市布局、综合效益的影响。

（2）竞技体育发展

举办体育赛事对提高济南城市核心竞争力和知名度、优化环境建设水平以及繁荣城市竞技体育事业的意义不容小觑。实现比赛场馆可持续发展就是要在满足比赛需求的基础上，提高场馆赛后利用率，并使其具备后期承接地方性体育赛事和国内单项体育赛事的能力。

（3）低碳经济发展需求

1982年英国出版了《我们未来的能源——创建低碳经济》白皮书，书中率先提出了"低碳经济"的相关概念。低碳经济是以减少资源消耗、降低环境污染以及提高经济产出为宗旨，在提高投资回报率的同时可显著增加产量、缩短生产周期并改善产品质量，在增长速度方面较其他经济形态而言也有着明显的优势。体育场馆是消耗能源的大户，许多场馆也因支出巨大、入不敷出等经济效益问题而步履维艰。全运会比赛场馆的设计需秉持低碳经济的原则，在低能耗、低排放、低污染的基础上，探索降低能源消耗的新技术，减少环境污染。

（4）全民健身需求

在大力推进全民健身服务体系建设的背景下，场馆赛后需开放相应的体育设施以满足市民健身休闲、体育培训等需求。济南体育场馆建设规模应立足全市需求，在满足承办区域运动会和各种单项比赛要求的同时，着力为群众体育健身运动打造良好的环境，充分考虑赛后中小型场馆的使用和运营，最大限度地提高场馆利用率。应结合全民健身进行复合化和弹性化设计，使其具备群众能够参与进来的多种体育休闲健身功能。

（5）彰显地域特色需求

济南体育场馆在设计阶段需注重体育产业的地缘式发展，力求在有限资源下集中力量打造具有城市地域特色的标志性体育场馆。

5.1.2   场馆功能发展的研究视角

城市发展对体育场馆从功能完善、赛事承办、群众健身、功能调整与置换等方面提出了新的要求。在建筑寿命周期内如何从功能发展角度实现可持续利用对全运会比赛场馆十分重要。下文的研究视角重点关注场馆多功能和复合化、赛事功能的转化以及观演功能的强化三个方面。

5.1.3   场馆运营的研究视角

体育场馆作为一种特殊的建筑产品，其高度的公共性可同时为大量消费群体提供服务。同时，体育场馆的大体量、高容量和标志性的特征又决定了其在建设、改造和运营一系列周期中投入较高。因此，能够在市场环境中源源不断地得到收益是体育场馆避免衰败、得以延续的关键。实现场馆的可持续发展要求既要提高场馆使用频率、实现合理化运营，又要减少不必要的空间浪费和容量的冗余。

5.1.4   场馆节能的研究视角

体育场馆属于高能耗建筑，节能是影响全运会比赛场馆日常运营成本和建筑可持续发展的重要因素。国家层面也对公共建筑节能提出了更高要求，全运会比赛场馆必须采取节能降耗措施以达标准。从这一研究视角出发，探究全运会比赛场馆如何提高体育场馆资源与能源的使用效率，实现自身的可持续发展。

5.2   代表性比赛场馆——济南奥体中心

5.2.1   城市发展与奥体中心的互动作用

5.2.1.1   规划布局层面

在建设美丽泉城的目标指引下，济南正积极落实"东拓、西进、南控、北跨、中优"城市空间发展战略，形成老城和东部新区、西部新区、滨河新区，构建"一城三区"空间格局以及"三主五

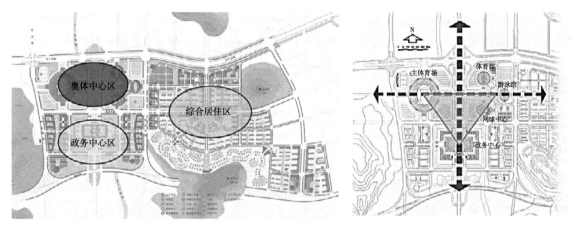

图5-1 功能布局示意图　　　　　　　　　　　　　图5-2 "三足鼎立"空间格局示意图

副"城市中心布局①。济南东部新区规划建设指导思想定位为"观山、览绿、亲水、知文、感新"。其中"感新"，需要理性研究何谓现在及未来的"新"。"东拓"之后，东部新区和现有老城城区、西部新区构成东西向的带状组团式结构。奥体片区位于济南东部新区的核心、东西向大轴线经十路南侧，北临政务中心区及高新产业区，东临汉峪金谷商务区和综合居住区，是贯通济南东西城市发展轴线上的重要节点（图5-1）。随着第十一届全运会的举办，东部新城的基础设施得到全面提升，其辐射带动能力和要素吸附能力日益凸显。以奥体中心、龙奥大厦为引擎，东部新城迅速发展。

就济南奥体中心项目而言，具有投资巨大、振兴新城区及功能多样性的特征，但规划和布局层面上还存在着较多问题与限制。作为连接新旧城区的结合点，需要有一定气势的拓扑关系，形成具备整体感的规划格局。于是设计以双轴对称来回应基地在规划条件上的限制，形成南北和东西两条轴线道路，近百米宽的大平台将东西两部分连接成一体，使人流与机动车形成立体交通。东区和西区体育场馆与位于基地正南的龙奥大厦形成品字形三足鼎立的总体格局（图5-2）。这种空间布局方式确实存在过度追求"三足鼎立"的磅礴气势，导致了体育场馆和龙奥大厦的单体规模尺度过大，造成了一定程度的浪费，不利于满足体育场馆未来发展的适应性和灵活性需要。

5.2.1.2 道路交通层面

（1）外部交通流线

在全运会后期，济南市奥体中心、全运村、媒体村以及周边大批富有现代感建筑群所产生的聚集效应逐步彰显，带动了济南市东部地区建筑业和现代服务业的繁荣。济南奥体中心所处区位由建成之初的郊区变为城市中心区，北侧的经十路成为城市快速路，地铁也即将通车，周边交通条件得到显著改善。一方面，延伸了服务半径，扩大了服务人群；另一方面，增加了演艺活动、餐饮、商业、办公、休闲娱乐、停车等功能需求，提高了商业和办公用房租金，减轻了场馆经营压力。随着济南奥体中心经营状况逐年改善，接待健身和大型活动人次不断增加，交通问题成为"三足鼎立"布局最大的矛盾点。

---

① 南海燕. 济南西客站核心区城市设计导则实施性研究［J］防护工程，2011（3）：136-140.

"我对奥体中心游泳馆非常熟悉，中考体育选考了游泳，所以经常会来奥体中心游泳馆训练。奥体中心整体规模大，我认为目前奥体中心利用情况较好。附近有CBD金融区、各种大型商场，吃喝玩乐及休闲锻炼需求在这里一并可以得到满足。我去过北京工体，感觉咱的奥体中心运营比工体更接地气，工体多是酒吧和高端会所，咱这儿的业态定位和比例控制更加正能量。就是这个奥体中心道路交通不如人家工体安排得科学，经十路奥体中心这段真是太堵了。"

——3个家在附近结伴来游泳的女学生，访谈时间：2016年10月

"不太了解好好一个体育中心，为啥要把我们单位设置在奥体中心正后方。下班点好几次遇到赛事，奥体中心这段车根本挪不动。以后遇到赛事根本不敢按时下班，都在办公室等着。平时晚上来这吃饭娱乐健身的车辆也很多，简直堵怕了。"

——龙奥大厦公务员王女士，访谈时间：2018年6月

"我在政府工作，曾作为第十一届全运会安全监督员莅临全运会开幕和比赛现场。已经过去近十年了，目前对赛后奥体中心的利用表示比较满意。认为目前不足有两处，一是济南奥体中心过于商业化，很多人来这里的目的已经不再是锻炼身体，这里变成了一个高端餐饮酒吧聚集地，餐饮的定价也普遍较高。对于运动锻炼的人来说，往往不会选择就近在奥体中心吃饭。二是商业过于抢眼，商业、体育、居住、办公体量都比较大，人流、车流不易控制，周边道路拥堵。"

——龙奥大厦公务员张处长，访谈时间：2018年11月

大型体育中心交通组织极其复杂，特别是比赛期间的主体育场，瞬时交通量大。虽然根据济南奥体中心外围道路状况和交通量产生分布情况，确立了区域交通组织和交通管制的具体措施，建立了"管道化交通"体系及内部"人车分流""公交优先"系统，但在第十一届全运会结束后的两三年，由于体育中心与周边地区的道路设施不足，办公、住宅区人流过大，这一路段在下班点依旧拥堵。另外，目前由于济南市民小汽车拥有量大幅上升，济南奥体中心原有停车空间已经不能满足使用要求，因此只能利用环场通道和广场空间作为临时停车空间，一定程度上减少了群众日常运动的场所。2012至今，政府大力开辟了多条连接奥体中心的公交线路和BRT线路，修建地铁奥体站。目前奥体中心四面环路，设置有多个公交总站，公交线77、47、515、119、K515、K166、K171、312、323、326、K131、K40、K169、519、K130、BRT5、BRT6，旅游3线可到达，一定程度上缓解了济南奥体中心停车压力。

（2）内部交通流线

1）赛时设计

赛时在经十东路1号安检口和体育北路3号安检口都设有观众集散点，共设8个安检口（8号安检口一般不开）。中心区景观带及场馆间平台层作为赛时的前院（FOH），为检票后的观众提供了安全充足的流通和疏散空间，以及赛时必要的各项公共服务设施。体育场西侧、东区东侧及平台层以下是赛时的后院（BOH），作为全运会赛时组织和管理的临时设施用地，支持各项场馆运营的需求，并将为安检后的各类人员（贵宾、技术官员、媒体记者和运营人员）提供充足的安全区域。比赛区域

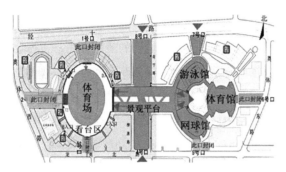 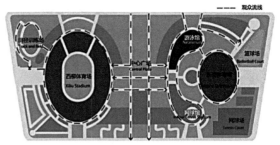

图5-3 奥体中心非赛时出入口示意图
（图片来源：作者改绘）

图5-4 奥体中心非赛时流线示意图
（图片来源：作者改绘）

（FOP）包括比赛场地和直接支持区域，兼顾转播、记分广播和摄像等媒体设施的需求。为满足赛时后院（BOH）交通要求，围绕东西区体育场馆周圈均设置14米宽的环路。环路四周均有8米级别的场区内部道路与之相连接，方便通行。

对内流线组织坚持"人车分流，不同人流出入口、分区相对独立"的设计原则，从而达到各行其道、互不干扰、疏散便捷的目的。大型比赛时，内部车辆凭证进入车行道路，到达指定出入口。比赛停车除固定停车区域以外，可利用车行道路一侧的室外球场的大片硬质铺地作为临时停车场，满足赛时大量停车的需求。同时，就近合理布置室外停车场、地下停车库，避免流线的互相干扰。观众步行流线安排在场馆前侧，场馆后方安排运动员、贵宾、技术官员、媒体运行等人员步行流线；观众通过大台阶到达二层室外平台进入场馆，实现观众与其他人流的分层分流。场区南侧有两个地下车库出入口，地下车库与环路相接，车辆可以在不受地面干扰的情况下，直达场区内或周边道路。

2）赛后现状

奥体中心对外交通与周边城市衔接良好（图5-3）。赛后关闭了经十东路1号安检口和体育北路3号安检口、5号安检口，以及奥体西路2号安检口和奥体东路6号安检口，赛时关闭的8号安检口赛后完全对外敞开。全运会结束后，奥体中心场地内道路分两层，呈网状布置，将中心路两侧连接起来，西区的体育场及东区的体育馆、游泳馆、网球馆各自在场地层以上设置了一个观众平台，市民在平台以上活动，贵宾、运动员等特殊人群由平台下进入场馆，但此入口平时不对外开放。机动车沿中心路从平台下穿过。市民主要出入口（前院FOH）位于基地北面，通过中心景观区、大台阶、环路等与经十东路相连接，可从地面经由中心景观区或大台阶上到7.5米标高的L1层大平台，在平台层可以环游西区体育场或东区三场馆。大平台通过绿化铺装与周边道路相连接，满足场馆的疏散要求。总体来说，济南奥体中心的道路交通体系人车分流，便捷明晰，形成良好的人行空间环境和不受干扰的车行系统（图5-4）。

5.2.2 场馆概括

济南奥体中心"一场三馆"，即济南奥体中心体育场、济南奥体中心体育馆和济南奥体中心游泳馆以及济南奥体中心网球馆（表5-1）。"一场三馆"在建筑风格和总体布局上互相呼应，协调统一。历经10年的发展，依然保持着良好的整体形象。随着社会经济的快速发展，市场经济体制不断深化，"一场三馆"以满足体育竞赛为首要功能配置模式，已经不能适应新时期社会经济发展的要求，因此"一场三馆"内部功能发生了相应的转变。为了更加全面地了解"一场三馆"的发展变化情况，首先需要分析它们的最初建成状况。场馆最初的建成状况直接决定它们的使用方式，当场馆的使用方式不能满足社会经济环境发展要求的时候，场馆设施就会进行相应的改造和转变，从而提高场馆的综合效益。因此，从"一场三馆"的设计、使用和发展等角度进行综合分析，才能清楚认识场馆的发展过程。由于"一场三馆"的主体建筑基本上是由比赛场地、看台、辅助用房和技术设备等要素组成，对场馆的各个要素分别进行研究，可以系统地了解到场馆各方面的具体情况，从而发现其使用情况的优缺点。

济南奥体中心建筑组成   表5-1

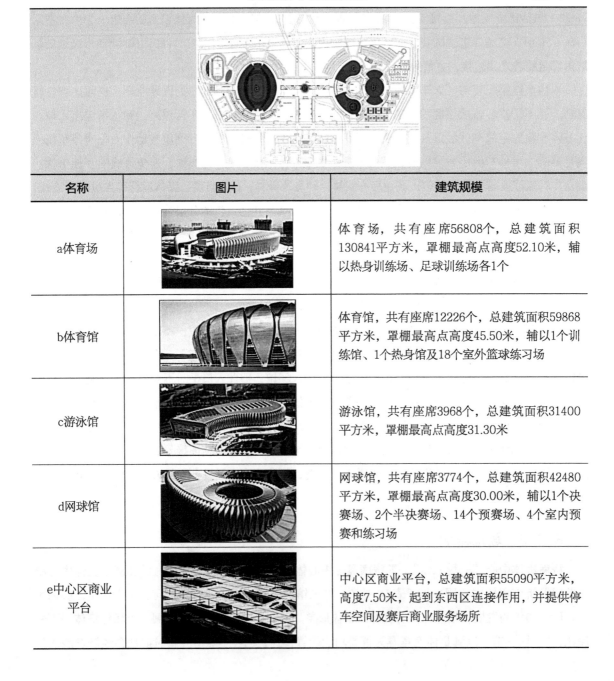

名称	图片	建筑规模
a体育场		体育场，共有座席56808个，总建筑面积130841平方米，罩棚最高点高度52.10米，辅以热身训练场、足球训练场各1个
b体育馆		体育馆，共有座席12226个，总建筑面积59868平方米，罩棚最高点高度45.50米，辅以1个训练馆、1个热身馆及18个室外篮球练习场
c游泳馆		游泳馆，共有座席3968个，总建筑面积31400平方米，罩棚最高点高度31.30米
d网球馆		网球馆，共有座席3774个，总建筑面积42480平方米，罩棚最高点高度30.00米，辅以1个决赛场、2个半决赛场、14个预赛场、4个室内预赛和练习场
e中心区商业平台		中心区商业平台，总建筑面积55090平方米，高度7.50米，起到东西区连接作用，并提供停车空间及赛后商业服务场所

5.2.3　场馆改造与功能使用

第十一届全运会闭幕后，济南奥体中心"一场三馆"赛事功能有了很大发展。同时，随着场馆功能的完善及设施和设备条件的改善，促进了相关功能的发展，使得"一场三馆"更加复合和多元化。

5.2.3.1　济南奥体中心体育场

济南奥体中心体育场以贴合罩棚空间结构表皮形式演绎具有地方文化特色的建筑风貌。体育场采用月牙形制的东西两片看台，看台南北轴线短。如果采用全罩棚形式势必距离道路太近，必然对南北两侧城市主干道造成难以接受的体量压迫感，此外南北两端观众看台视线质量也不好，不是主要的看台区域，不需要罩棚加以覆盖。所以建成后的体育场罩棚由64榀径向主桁架和9道环向次桁架组成，从南北入口处的看台断开，形成南北向的突出轴线关系，体育场造型也对母题进行了强调：有凸回起伏才有光影变化，有光影变化才能产生体量感。

济南奥体中心体育场是整个建筑群最为庞大的单体建筑。体育场总建筑面积13.1万平方米，建筑基地面积6.6万平方米，占地面积6.5公顷，地上5层，局部6层，共有5.7万座席，罩棚最高点可达52米，辅以热身训练场、足球训练场各一个。体育场位于济南奥体中心的中轴线西端上，占据着整个体育中心的核心位置。体育场平面近似椭圆，长轴长约360米，短轴长约310米。2009年至今，济南奥体中心体育场经历了一次升级改造（表5-2）。

济南奥体中心体育场改造情况一览表　　　　　　　　　表5-2

序号	项目	新建工程	改造工程
1	竣工时间	2009年	2012年
2	建设目的	承办第十一届全运会	赛后运营需要
3	比赛项目	开幕式和田径比赛项目	田径和足球
4	总建筑面积	130840平方米	130840平方米

表格来源：作者根据济南市体育局提供资料整理绘制

因第十一届全运会结束后赛事需求锐减，济南奥体中心为满足日常运营的需求，对部分办公和管理用房进行了改造，并对其进行了商业出租。在不影响原有看台安全疏散及使用功能的前提下，对二层看台下方空间进行改造，独立出约20间管理用房出租给餐饮、汽车4S及体育用品店。结合改扩建功能分区，对水暖电配套设施设备进行了更新改造，以保证商业运营正常运行。

5.2.3.2　济南奥体中心体育馆

奥体中心体育馆是第十一届全国运动会体操、蹦床和闭幕式的主场馆。体育馆以"荷"为母题，是"东荷西柳"地方特色设计理念的重要组成部分，其层叠关系、表皮肌理与西区整体造型平衡统一。奥体中心体育馆是一座蕴含着惊喜体验的建筑容器，整体造型和表皮肌理是一个低调的开始，更为精妙之处在于室内空间与外部形态之间戏剧化的变幻。体育馆中的色彩、光线以及高深莫测的复杂结构令人惊叹。

体育馆位于东部场馆区,占地面积3.1公顷,总建筑面积6万平方米,南北长约220米,东西宽约168米,圆形屋顶跨度122米,罩棚最高点高度45米。济南奥体中心体育馆由主馆和南北两个3200平方米的附属训练馆以及附属18个室外篮球训练场组成,总占地面积1.5万平方米。体育馆共有1.22万座席,包含1万个固定座椅和2226个移动座椅。体育馆落成后经历了多次维护升级,在2012年对其进行了一次较大规模的改造工程,改造主要涉及场地、功能用房、设施设备等方面。

5.2.3.3 济南奥体中心游泳馆

济南奥体中心游泳馆在整体造型上与体育馆呈紧密联系的组团关系,其表皮肌理则呼应了西区主体育场的柳叶母题,只是在细部构造(特别是基座形式)上设定了一些的变化和差异,平台配合曲线优美、柔和的建筑轮廓,徐徐延展成递进关系。

济南奥体中心游泳馆是整个园区的标志性建筑之一,位于"东柳"的北侧区域。游泳馆总建筑面积4.25万平方米,建筑基底面积2.1万平方米,观众座席数达到3774个。奥体中心游泳馆主要用来举办游泳、水球、跳水及花样游泳等项目比赛。全运会结束后,对其进行了一次较大的升级改造,改造内容如表5-3所示。

济南奥体中心游泳馆改造工程主要内容一览表 表5-3

序号	项目	改造前状况	改造主要内容
1	场地	标准游泳池、跳水池、热身池、放松池。轻微漏水	更换原有面层做法,使用泳池专用膜材进行铺设,不破坏原有池体结构,场地面积不变
2	功能用房	—	对全运会赛时管理、媒体、观众、安保等运行功能用房进行装修改造
3	设施设备	游泳馆灯光照度不够、场内湿气过大,夏季制冷效果较差	结合改造分区,对水暖电配套设施设备进行了维护更新,对采暖、空调、水处理、声、光、电等各方面进行了全面改造,采用了防结露措施,使市民来奥体中心游泳获得了更好的体验感

表格来源:作者根据济南市体育局提供资料整理绘制

5.2.3.4 济南奥体中心网球馆

济南奥体中心网球馆位于整个东区三馆组团的西南角,其中网球馆赛场形状近似一个"逗号",整体轮廓与游泳馆相似,表皮肌理也延续着"柳叶"的主题。网球馆南北长约171米,东西宽约223米,占地面积2.06万平方米,建筑面积3.14万平方米,地下1层,地上4层,看台规模约3968座,其中无障碍座席及看护席各为10个,顶部标高14米。济南奥体中心网球馆端部顶棚的圆形开敞,形成露天的中心。在8块预赛场中,每两块之间设置观众看台。墙面采用空间折板结构,形成柳叶造型,改善了折板结构的平面外稳定性。

济南奥体中心网球馆升级改造主要内容如表5-4所示。

济南奥体中心网球馆改造工程主要内容一览表　　　　　表5-4

序号	项目	改造前状况	改造主要内容
1	功能用房	—	对一层门厅入口处两侧外围的办公及休息用房进行装修改造，出租给茶社和体育用品等商店
2	看台	—	更新比赛区和训练区破损老旧座椅
3	设施设备	—	对照明、暖通、扩声、计时计分、电视转播、信息、安保等系统进行升级维护，对通信网络进行全面改造，保证5平方米范围内有一个信息接口
4	其他	—	结构和基础加固

表格来源：作者根据济南市体育局提供资料整理绘制

济南奥体中心"一场三馆"从落成到后期为场馆多元经营和全民健身进行改造，经过从场地、功能用房、设施设备到内外装修的彻底改造，更利于济南奥体中心全民健身的开展和功能运营的可持续发展。

5.2.4　现状功能构成

济南奥体中心经过升级改造后，功能更趋向多元化，设施水平得到完善和提升。奥体中心逐步从单一赛事功能向多功能、复合化的体育服务综合体演变（表5-5）。

奥体中心"一场三馆"功能构成情况表　　　　　表5-5

场馆	核心功能	附属功能	外围功能
体育场	赛事、演艺及社会活动	山东鲁能足球俱乐部训练及全民健身	办公、餐饮、商业、旅游服务、休闲娱乐等
体育馆	赛事、演艺及社会活动	全民健身	办公、餐饮、商业、休闲娱乐等
游泳馆	赛事、演艺及社会活动	全民健身	办公、餐饮、旅游服务、休闲娱乐等
网球馆	赛事、演艺及社会活动	全民健身	办公、餐饮、旅游服务、休闲娱乐等

第十一届全运会结束后，济南奥体中心体育场利用现状主要分为赛时使用和平时使用两种情况。赛时使用主要是举办各种大型体育比赛，例如济南市首次举办国际A级单项体育赛事——2012年伦敦奥运会女子足球项目亚洲区决赛以及全国田径锦标赛预赛、中超联赛山东鲁能主场比赛等。但相对维护管理和建设成本来说，每年举办大型体育比赛数量较少，举办足球赛事时，入座率较低，鲜有体育比赛观众可过万。平时使用包括举办各种大型群众活动和对外经营。大型群众活动以文娱演出为主，观众入座率相对较高。此外还包括其他展览活动。对外经营主要是比赛场地和辅助用房以出租形式对外开放，近年来经营内容包括演唱会，企业运动会，乒乓球、武术、舞蹈等体育产业，以及体育商品、餐饮商业等配套产业。

济南奥体中心体育馆主要用于举办正式体育比赛和大型文艺演出、群众集会等项目。训练场地主要用于平时和赛前训练使用，举办体育比赛时，运动员可以在体育馆的训练场地进行短暂的热身。体育比赛、文娱演出、群众集会等活动所占的比例几乎一样。同时可以看出，济南奥体中心体育馆全年大部分时间向市民开放，举办文艺演出时观众入座率相对较高。

济南市奥体中心游泳馆由于举办的比赛相当少，平时主要作为教学的场地，开展各种游泳项目的培训班，承办单位赛事，并对市民群众开放。

济南奥体中心网球馆在全运会结束后承办过一些级别较高的网球赛事，如大师杯系列赛、ATP系列赛，参考了一些法国网球公开赛、温布尔登网球锦标赛的经营理念，设置活动看台包厢席以满足更高级别观众的观赏需求，并根据转播要求在看台顶部设置了媒体包厢。不仅如此，赛事主办方根据不同的收费标准推出了包厢服务套餐。这些"软件"建设对整个场馆运营和赛时气氛的营造都是有利的。

5.2.5　建筑空间多功能使用

5.2.5.1　济南奥体中心体育场

（1）场地多功能使用

济南奥体中心体育场现又称"鲁能大球场"，是中超老牌球队山东鲁能的主场，比赛场地依据大型国际田径场、足球场标准来设计。在这里，鲁能获得了4座中超冠军、5座足协杯冠军和1座超级杯冠军。足球场采用的规格为69米×105米，设在400米跑道内，球场表面为天然草皮地面。俱乐部设在首层用房北区，组成部分包括俱乐部用房、休息区、发球区、清洁区和练习场（图5-5～图5-7）。

（2）看台利用

济南奥体中心体育场看台观众席共有5.68万个（按标准座位计算），其中无障碍座席124个，观众

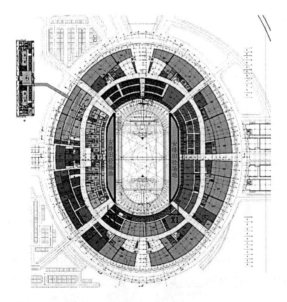

图5-5　奥体中心体育场田径场地布置示意图
（图片来源：济南市体育局）

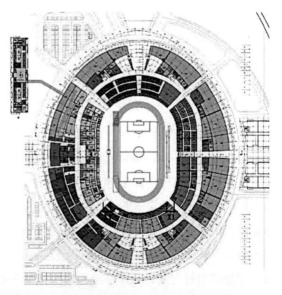

图5-6　奥体中心体育场足球场地布置示意图
（图片来源：济南市体育局）

席分成四区，包括普通观众区席、运动员区席、主席台区、媒体区，赛前装设临时座席。看台碗是济南奥体中心体育场组成的重中之重，决定了体育场的其他部分的定位、高度和造型。为使观众有更好的使用感受，赛场的紧凑、视线升起角度、减少排距都可以增加围合感，而这几者之间又相互制约，其中一个微小调整都会影响整个看台的造型，可能使体育场变大、变高，从而造价增加。济南奥体中心体育场建成后的看台满足了观众希望接近赛场、离比赛更近的要求，

图5-7　奥体中心体育场田径场地
（图片来源：济南市体育局）

同时选择了较好围合感升起的角度来平衡各方面的因素。济南奥体中心体育场看台入座率与举办赛事内容关系密切，平时举办足球比赛和文娱演出时，一般只需要开放部分看台就能满足使用需求，因此其他看台会较长时间处于闲置状态。

（3）辅助用房利用

济南奥体中心体育场的辅助用房主要包括观众、运动员、贵宾、工作人员等人员用房。体育场在十一运会结束后，辅助用房的日常经营成为亟待解决的问题。为了增加场馆的经营收入，政府出资对体育场辅助用房进行了大面积改造，大部分辅助用房转变为商业和餐饮功能，平时对外营业（表5-6）；部分辅助用房转变为山东文化产业博览交易会执委会办公室，其余则保留了原先的功能性质以满足举办体育比赛要求（图5-8～图5-12）。改造后的奥体中心的商业面积所占比重达到45%左右，体育场馆运营更多是依靠体育赛事来拉动商业发展，奥体中心商业规划上更多地考虑与体育产业相结合，注重与其他区域商业的差异化打造。

济南奥体中心体育场功能用房赛时赛后转换情况表　　　　　表5-6

位置	赛时用途	赛后用途
首层东侧	场馆运营	体育用品、餐饮、商业
首层西侧	场馆运营、安保用房	管理用房、训练用房、办公用房
首层南侧	场馆运营、接待用房	餐饮、汽车4s店、商业
首层北侧	场馆运营	体育健身、培训、办公用房
二层西侧	媒体用房、管理用房	培训、商业、餐饮
二层东侧	场馆运营	办公、商业

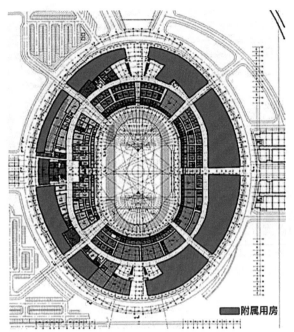

图5-8 首层租赁范围

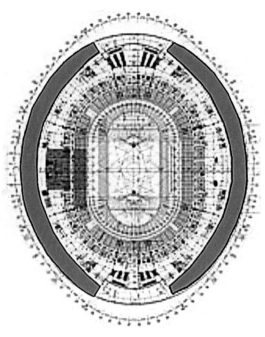

图5-9 二层平台租赁范围

图5-10 辅助用房用作办公室

图5-11 辅助用房用作饭店

图5-12 辅助用房用作汽车4S店

5.2.5.2 济南奥体中心体育馆

（1）场地多功能使用

济南奥体中心体育馆的比赛场地尺寸为75米×48米，设计主要考虑满足第十一届全运会室内体育比赛的要求，场地大小要求能举办各种球类及体操比赛。体育馆主场地采用符合NBA标准的美国进口的移动木地板。体育馆（包括热身训练场）现有羽毛球场地54个、室内篮球场地2个（包括1个NBA主场地和1个木地板训练场地）、室外篮球场地13个、练习球架2组、笼式足球场地5个以及乒乓球台9张，是济南市最大规模的综合性比赛和健身场地（图5-13）。

（2）看台利用

济南奥体中心体育馆共有座席1.2万个，包含1万个固定座椅和2226个移动座椅，属于大型体育馆。看台为单层，走道为纵、横向设计，能提高各个座席区的联系性（图5-14）。在南北看台上方设置记者工作室，后来改作临时观众座席。济南奥体中心体育馆举办体育比赛时，南北看台入座率比东西看台入座率高，同时也开放了篮球、足球、羽毛球、乒乓球等全民健身项目。济南奥体中心体育馆还出租场地举办商业演出、大型企业年会，在举办文娱演出时，一般在比赛场地东区布置舞台，因此东区座席全部不使用。

（3）辅助用房利用

第十一届全运会结束后，综合考虑赛时和平时使用的需要，济南奥体中心体育馆的辅助用房改造集中在首层西区用房

图5-13　奥体中心体育馆舞台布置实景及比赛场地多功能布置

（图5-15、图5-16）。体育馆西北侧底层辅助用房改作茶社、古玩等商业功能。羽毛球训练馆前过道区域改造为书屋和咖啡吧，西区用房原来主要是用作运动员和记者用房，赛后改作乒乓球室、台球室，部分空间分隔出租给私人俱乐部用于培训教育（图5-17、图5-18）。赛时的媒体及竞赛管理用房赛后改造成厨房，相应其东侧相邻空间改造为餐厅。体育馆东侧、东南侧贵宾和媒体用房保留赛时功能，作为平日比赛、演出的赛事管理用房及贵宾、媒体用房。赛后原媒体出入口C出口作为日常活动工作、管理人员出入口使用，二层东南侧辅助用房出租给体育用品公司使用。据场馆人员透漏，目前在策划将包厢与部分餐饮结合作为高级包间在平时出租利用，将提前冠名预售，获得一定的利润。运动员用房改造一部分，改造后仍然能满足体育比赛要求。改造后虽然体育用房面积相对减少，但也带来了更好的经济效益，为场馆运营提供保障。体育馆利用除去训练和竞赛用房、场馆运行保障等用房以外的功能用房，通过赛时及赛后功能转换，实现对外出租，附加办公、商业、培训、休闲娱乐等附属功能（图5-19～图5-22）。

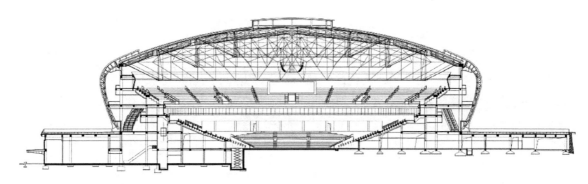

图5-14　体育馆剖面
（图片来源：CCDI文本）

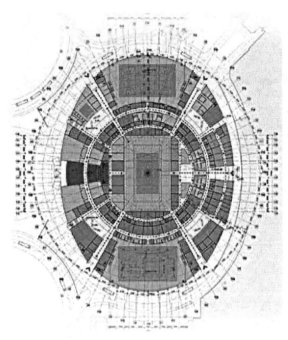

图5-15 全运会赛时首层功能分区

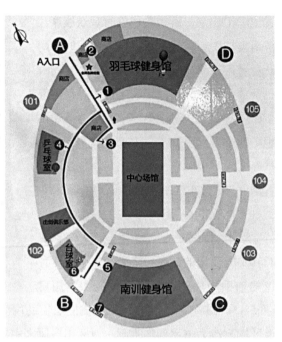

图5-16 赛后首层功能分区

图5-17 全运会赛时场地实景

图5-18 全运会赛后商业租赁实景

图5-19 原训练用房用作跆拳道俱乐部

图5-20 过道用作小餐厅

图5-21　羽毛球训练馆前过道用作书吧　　　　图5-22　原训练用房用作击剑俱乐部

5.2.5.3　济南奥体中心游泳馆

（1）场地多功能使用

游泳馆以中心平台层为首层，平台下1层，平台上共3层。比赛场地102米×40米，可满足游泳、跳水、水球比赛和全民健身开放要求。由于跳水池一般作为潜水俱乐部的教学场地，平时不向群众开放。游泳池全年向群众开放，部分区域作为开展培训班的专用区。

（2）辅助用房

奥体中心游泳馆的辅助用房分成2层，首层用房主要包括运动员和设备用房，二层用房包括观众用房和工作人员用房，南侧还有贵宾等用房。为了兼顾考虑赛时和平时的使用，辅助用房针对场馆运营、娱乐休闲等功能进行了重点设计，其中一层布置了休息用房，用于场馆的赛后运营服务。虽然用房功能有所不同，但是整体的功能分区并没有大的调整。

5.2.5.4　济南奥体中心网球馆

（1）场地多功能使用

网球馆地上共5层，−6.500米标高层为赛时新闻媒体办公、会议、后勤服务、赛后运营商业用房和设备用房；首层为网球竞赛场地和室内网球馆，比赛场地42.5米×25.2米。

（2）赛后利用

济南奥体中心网球馆赛后与商业紧密结合，设置看台顶部媒体包厢以及VIP包厢服务套餐，对减轻场馆运营负担极为有利。同时奥体中心网球馆也将看台下方部分空间进行出租，看台下方的空间因为层高和结构的限制，常用作中小型的展览空间，装置艺术的布置也使空间更加灵活，增强了人与人、人与展品之间的互动性。网球馆赛时所建的辅助用房，赛后也转化为商业用房和餐饮咖啡店，提高了网球馆赛后利用效率。

5.2.6　整体使用及赛后运营情况

济南奥体中心作为国内高水平的体育比赛场馆，建成后多次举办各种大型的体育比赛，并都取得了圆满成功。济南奥体中心平时还经常安排各种文娱演出、集会等活动，丰富了市民生活。济南奥体中心场地平时对外开放，成为群众休闲健身的活动场所（表5-7、表5-8）。

济南奥体中心"一场三馆"经营收入构成情况（2016年）　　　　表5-7

场馆	场租（%）	自主经营（%）	房租（%）	其他（%）
体育场	7	13	62	18
体育馆	46	—	51	3
游泳馆	8	30	32	30
网球馆	15	61	20	4

奥体中心体育场收费活动项目一览表（2016年至今）　　　　表5-8

活动项目	收费细则		
足球	单场两小时5000元		灯光场两小时6000元
商演	装台每天7万		演出当天21万
运动会	周一至周四	周五至周日	五一前和十一前一周
	1.5万~3万	3万~10万	5万~15万

5.2.6.1　举办大型体育比赛

（1）承办世界级、国家级体育赛事

济南奥体中心每年承办国内外大型赛事平均20余场（表5-9），为市民奉上了精彩的体育文化盛宴。其中多次承办了国际级、国家级体育赛事，例如2012年伦敦奥运会女子足球项目亚洲区决赛是济南市首次承办的国际A级单项体育赛事，国家级体育赛事除了2009年第十一届全国运动会，还有全国田径锦标赛预赛、全国青年游泳锦标赛等。

济南奥体中心承办的国际级、国家级体育赛事（不完全统计）　　　　表5-9

年份	国家级体育赛事名称	体育赛事内容
2009年	体操预赛暨全国体操锦标赛	体操
2009年	田径测试赛暨2009年全国田径大奖赛	田径
2009年	第十一届全国运动会	开幕式、闭幕式、足球、田径、篮球、排球、游泳、花样游泳、跳水、水球等
2010年	全国青年游泳锦标赛	游泳比赛、"国家游泳队训练基地"挂牌仪式

续表

年份	国家级体育赛事名称	体育赛事内容
2010年	中国乒乓球俱乐部甲B比赛	乒乓球
2010年	全国乒乓球超级联赛	乒乓球
2010年	全国田径锦标赛暨亚运会预选赛	田径
2010年	第二届中国跳水明星系列赛和全国网球青少年团体锦标赛	跳水、网球
2010年	中加搏击对抗赛	搏击
2010年	马拉多纳"温暖中国行"红冠饮料中阿足球慈善义赛	足球
2011年	2010—2011赛季CBA联赛	篮球
2011年	中国体育舞蹈公开赛	舞蹈、体操等
2011年	2012年伦敦奥运会女子足球项目亚洲区决赛	足球
2013年	中超联赛山东鲁能主场比赛	足球
2014年	全国羽毛球协会东西南北中羽毛球大赛	羽毛球
2015年	中国国际网球挑战赛	网球
2015年	全国羽毛球协会东西南北中羽毛球大赛	羽毛球
2016年	中超和亚冠联赛的主场比赛	足球
2016年	全国羽毛球协会东西南北中羽毛球大赛	羽毛球
2017年	全国田径锦标赛预赛	田径
2017年	2017 JUMP10世界街球大奖赛	篮球
2017年	"中国体育彩票杯"全国少儿游泳比赛	游泳
2017年	全国羽毛球协会东西南北中羽毛球大赛	羽毛球
2018年	中超联赛山东鲁能主场赛	足球、开幕式

（2）承办省级、市级体育赛事

济南奥体中心积极响应省里号召，多次承办了省级体育赛事，积极地推动了山东省体育产业的发展，促进了山东省运动员竞技水平的提高（表5-10、表5-11）。

济南奥体中心承办的省级体育赛事（不完全统计） 表5-10

年份	省级体育赛事名称	体育赛事内容
2009年	网球测试赛暨山东省青少年网球锦标赛	网球
2010年	山东省业余网球比赛	网球
2015年	山东省武术大赛	自选套路比赛、传统套路比赛、太极拳比赛、太极推手比赛
2016年	山东省"协会杯"手球比赛	手球
2017年	山东省跳水锦标赛	跳水
2018年	山东省第八届全民健身运动会	健身球操、五子棋
2018年	山东高速篮球俱乐部CBA济南赛区季后赛	篮球

奥体中心"一场三馆"大型活动数量（2017年） 表5-11

	竞技体育赛事	群众体育赛事	其他演艺及社会活动
体育场	3	15	3
体育馆	9	20	4
游泳馆	3	15	0
网球馆	3	5	0

表格来源：作者根据奥体中心馆藏资料整理绘制

5.2.6.2 平时组织群众活动

（1）文娱演出

文娱演出是济南奥体中心举办的主要群众活动之一，通常在体育场和体育馆中举行，也是济南奥体中心经营创收的又一重要来源。据奥体中心负责人介绍，举办文娱演出入座率通常比举办体育比赛入座率要高。以2010年为例，济南奥体中心体育场、体育馆举办的大型文娱演出基本都有比较高的入座率，获得了良好的社会效益和经济效益。

（2）展览、集会、美食广场

济南奥体中心每年都举办大量展览、集会活动，包括大型灯会、中华百绝、美食节、花市、体育节、嘉年华、展览等。2011年举办了济南奥体中心雪花啤酒节，有来自国内外数十个著名品牌和300余家休闲食品、旅游食品厂家参加，入场观众共有300万人。2012年6月举行的济南市体育协会首届体育节，有40多个体育协会的运动项目在济南奥体中心各场馆举行，是济南当时最大规模的公益性群众全民健身活动。

第十一届全国运动会结束后，济南决定把奥体中心推向市场。赛后商业运营方面，中心在保障全民健身的基础上，对商业用房开发进行了科学规划，目前的开发面积达到7.6万平方米，签约商家

184家，商业设施利用率达95%，奥体商圈成为东部高端饭店的集聚地，济南市民聚餐的首选之地，带动了人流，整体规模和经营品质不断提升。

第十一届全国运动会后，济南奥体中心立足科学发展，努力完善基础设施，不断优化内外环境，全面开展场馆运营，实现了由赛事保障型向服务经营型的转变。以保障服务大众健身需求为导向，济南奥体中心陆续开放了游泳、网球、羽毛球、乒乓球、篮球、笼式足球、壁球、高尔夫球、器械健身、斯诺克台球、健身体操、拳击、武术、交谊舞、棋牌、踢毽子等20多个健身项目，组织健身活动210余场，每年吸引了大量群众前来参与。例如2013年平均每天到济南奥体中心锻炼的人数为8000人，而公休日当天的人数多达1.2万人，济南奥体中心成了名副其实的体育公园。

济南奥体中心是市体育局下属的规模最大、投资成本最高的全运会比赛场馆。赛后以比赛训练和全民健身功能为主，各场馆独立运营，面向公众开放。济南奥体中心"一场三馆"自全运会结束后实现了功能更新，从建筑空间演变来看，利用预留空间，将外围的附属用房作为商用，场地和核心圈层不变。同时，统筹考虑了附属热身场地的布局和设施改造，实现场馆一体化。随着城市和社会发展，"一场三馆"功能变得更加复合化，越来越成为集赛演、全民健身、商业办公、休闲娱乐等功能于一体的体育综合体。

5.3　代表性比赛场馆——历城体育中心

作为承办过国家级体育赛事的城市，济南的省市级大型体育设施较为完善，空间布局较为合理，基本满足承办国际级赛事的标准。区级及以下体育设施缺乏、单一、规模偏小，体育设施体系失衡。从用地规模上看，区级体育用地38.87公顷，人均用地规模低于国家相关规范要求。从空间布局上看，每个行政区保证至少一处区级体育设施，在空间布局上区级公共体育设施空间分布较为均衡合理。从体育设施等级质量来看，区级体育设施等级质量不高，并且设施相对陈旧老化。济南市域全运会比赛场馆属于区级体育设施的有济南市历城区体育中心、章丘体育馆以及莱芜综合体育馆。

5.3.1　场馆概括

历城体育中心选址于唐冶新区核心区中部，该中心于2007年底动工兴建，2009年3月底落成。目前历城体育中心是历城区规模最大的体育中心，占地面积357亩，建筑面积10.8万平方米，总投资为3亿元，包括一场两馆。赛后历城体育中心田径场新铺设了塑胶跑道、人工草坪，新建了室外灯光篮球场、网球场、乒乓球场，露天场馆不收费，市民可以在这里踢足球，打篮球、网球、羽毛球、乒乓球，晚上室外场地有灯光，可以保证市民锻炼的效果。而后历经多次改造提升，形成了集羽毛球馆、乒乓球馆和室外篮球场、网球场于一体的面向社会开放的全民健身场所，并于2012年10月对市民完全开放。为了最大限度利用好附属用房和带动人气，历城区体育局也带头将部分办公场所转移过来。但因为地理位置较偏僻，目前来看，虽然历城唐冶新区发展势头迅猛，但周围配套设施不完善，公共交通开设线路较少，平日体育中心市民较少，停车场的车辆也比较稀疏。

作者在调研中了解到，2014年9月份，历城区审计局对历城体育中心竣工决算情况进行了专项审计，审计发现区体育中心在第十一届全运会结束后，场馆利用不佳。审计建议寻求合作伙伴，举办各类活动，开门纳客，聚集人气，发挥资产效益。后历城区体育中心积极采纳建议，集思广益谋求出路，与唐冶片区的房地产开发企业合作，承办了2014年俄罗斯金奖大马戏巡演，10天22场演出几乎场场爆满，为历城区体育中心获得经济效益的同时也免费打出了一张漂亮的宣传牌。而后历城体育中心开始转变思路，逐渐灵活，努力创收。

5.3.2 赛时设计

5.3.2.1 体育场

体育场位于历城体育中心的西北角，主要用作地区性和地方足球、田径等比赛、群众性集会运动以及市民早晚健身锻炼使用。观众座席9000座，看台最高处为11.78米，建筑顶棚最高处为22米（图5-23～图5-25），屋顶选用金属板屋面，看台外侧贴白色面砖墙面。

体育场场地的长轴选取正南北略偏东3°方向，一方面使跑道与济南全年主导风向（东北风、西南风）成一定角度，减少风力对比赛的影响；另一方面，跑道的南北布局可以避免太阳光线对比赛的干扰。场地为标准400米跑道田径场，设有8条跑道。观众看台设在场地西侧，看台分为两层，一层看台可容纳6000人，二层看台可容纳3000人。附属用房位于一层，主要分布在看台下方，包括对外经营用房、配电室、洗手间、休息室、器材房、裁判房和办公室，体育场西北侧设置男女运动员淋浴更衣室以及灯光控制室。体育场运动员入口位于西北侧和西南侧，西南侧为净高7米的主要进

图5-23 历城体育中心体育场西立面

图5-24 历城体育中心体育场南立面

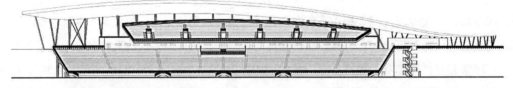

图5-25 历城体育中心体育场东立面
（图片来源：根据馆藏图纸描图绘制）

出口，供运动会开闭幕彩车进出用。观众通过外部楼梯进入二层室外平台，再从室外平台到看台区域。利用看台前沿第一排座位与比赛场地的一层高差，沿看台靠场地边缘设4.5米宽的环形场地内通道，供工作人员和运动员使用，避免他们在场内活动时干扰观众视线，同时隔开观众看台与比赛场地，防止观众进入比赛场地，提高场地的安全性（图5-26~图5-28）。

为满足第十一届全运会高水平的比赛要求，体育场的场地按当时田径和足球比赛的国际标准进行设计。场地内比赛设施完善，包括：①合成材料跑道（西直道10条，东直道及南北弯道8条）；②标枪助跑道（2条，南北中心线各1条）；③3000米障碍水池（布置在北半圆内）；④撑竿跳高场地（在西直道外布置2组）；⑤跳高场地（南、北半圆内各2组）⑥铅球区（2个，

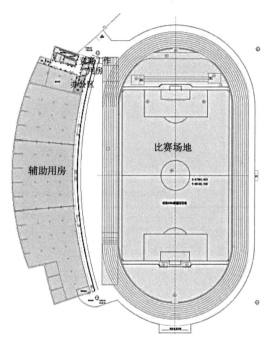

图5-26 历城体育中心体育场地下层平面

布置在北半圆内，面向草坪投掷）⑦链球、铁饼区（2个，分别布置在南北半圆内东侧，面向草坪投掷）；⑧跳远沙坑区；⑨足球场地（按FIFA标准，在田径场内布置了105米×68米的足球场1个）。

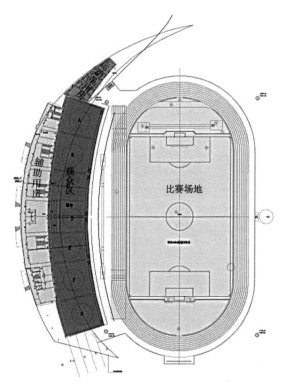

图5-27 历城体育中心体育场首层平面

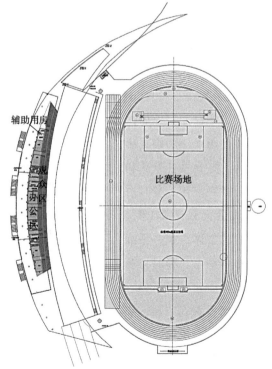

图5-28 历城体育中心体育场二层平面图
（图片来源：根据馆藏资料调研绘制）

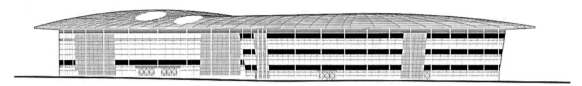

图5-29 历城体育中心体育馆东立面图

图5-30 历城体育中心体育馆南立面图
（图片来源：作者改绘）

5.3.2.2 体育馆

体育馆与健身馆相连为一体，建筑高度为26米，远看仿佛一片巨大的浮云，而两馆连接处的巨大的镂空设计从高空俯视，宛如一颗颗巨大的露珠（图5-29、图5-30）。

体育馆屋顶为桁架结构，一层建筑面积为6761.9平方米，二层建筑面积为4893.9平方米。赛时观众人员主入口位于场馆西侧，东侧为媒体运营入口，北侧为办公管理入口，南侧为贵宾入口。房间主要位于一层，体育馆东南侧为赛事管理用房，西南侧为贵宾餐厅及配套用房；比赛厅南侧为媒体和设备控制室；体育馆北侧主要为赛事管理办公用房，东侧大厅在赛时临时作为媒体办公空间，比赛大厅西侧为运动员热身运动场地；馆内还建造了男女各一间桑拿房，这是为超重运动员在赛前临时减体重用的。观众席主要位于二层，二层南侧设置有卫生间和贵宾休息室。比赛场地在设计时，考虑到经济合理性，场地尺寸为59.5米×30米，场地周边设有走道，东西向走道宽度为1米。比赛厅一层不设固定座席，比赛时在场地一层设置活动座席，主要供各领队和工作员裁判使用。赛时搭建摔跤台，台子高1米，用柔软的物体覆盖并仔细固定在台面上。赛时将场地空间用颜色区分开来。观众座席设置在二层，依照观赛人数设置临时座席（图5-31～图5-36）。

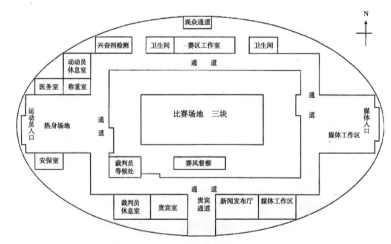

图5-31 历城体育中心体育馆桁架比赛场地简易示意图

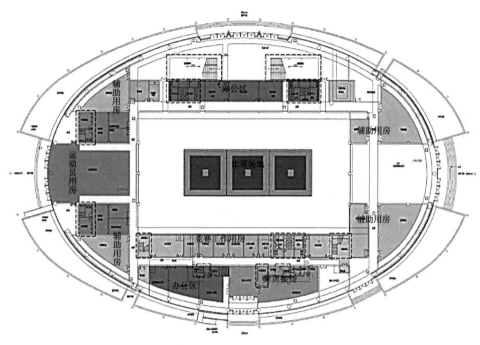

图5-32 历城体育中心体育馆一层平面图

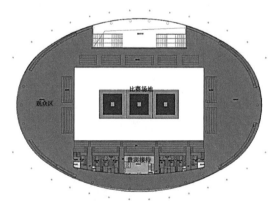

图5-33 历城体育中心体育馆二层平面图

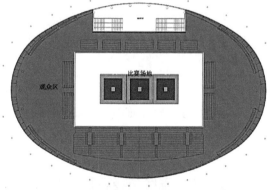

图5-34 历城体育中心体育馆17.500米标高平面图

图5-35 历城体育馆赛时摔跤台
（图片来源：https://image.baidu.com/search/）

图5-36 历城体育馆赛时临时座席
（图片来源：https://image.baidu.com/search/）

图5-37　出口被堆满杂物

图5-38　二层运动员用房成储藏杂物间

图5-39　二层附属用房被保洁征用为自己住房

图5-40　看台被保洁人员晒满玉米

5.3.3　功能发展与赛后利用现状

5.3.3.1　体育场

体育场举办田径项目的情况比较少，体育比赛以足球比赛为主，体育活动内容比较单一。体育场平时会举办一些单位运动会及文艺演出、纪念晚会以及小型歌友会等，规模不大，影响不广，如金海星歌友会、爱戴歌友会以及历城区机关单位运动会等。舞台通常设于场地一端，只开放部分看台座位。因为使用频率不高，维护费用巨大，目前体育场设施比较简陋，使用功能不完善。二层室外平台和出入口处已经被物业堆满了杂物，部分附属用房已经被物业人员占用为宿舍（图5-37～图5-41）。

5.3.3.2　体育馆

（1）大尺度空间

比赛结束后，历城区体育中心作为区域性多功能体育场馆，举办专业体育比赛及群众性体育活

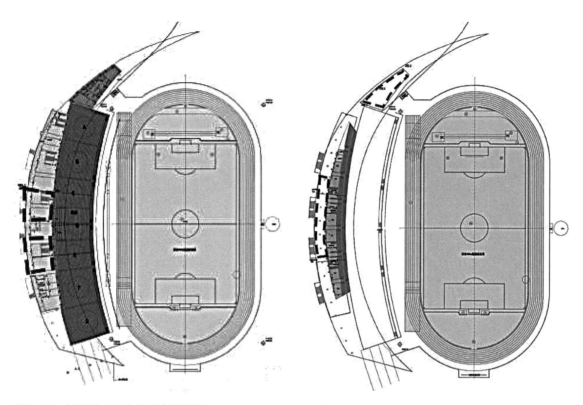

图5-41　被保洁人员占用用房范围图
（图片来源：根据馆藏资料调研绘制）

动。体育馆进行了升级改造，原来的摔跤馆改造成为专业的室内篮球馆，奥运会和世界篮球锦标赛的篮球场地长宽应在32米×19米以上，其他赛事场地长宽应大于28米×17米以上，上空无障碍高度均为7米以上，体育馆原比赛场地空间完全符合要求（图5-42）。二层临时座席由钢结构搭建完成，赛后拆除改为乒乓球和健身区（图5-43）。因羽毛球运动市民普及率更高，2014年11月，体育馆一方面响应国家号召落实全民健身的方针政策，另一方面为了增加创收，其比赛场地实现了灵活转化（图5-44～图5-46）。篮球场地周末会租给济南大树体育篮球学校唐冶分校供其上课使用。体育馆位

图5-42　比赛场地用作篮球训练

图5-43　二层撤掉临时座席用作乒乓球训练

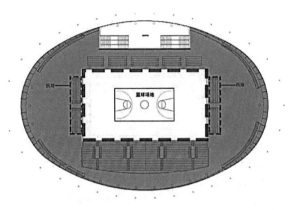

图5-44 赛后转化范围

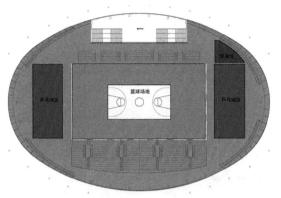

图5-45 赛后大尺度空间利用示意图

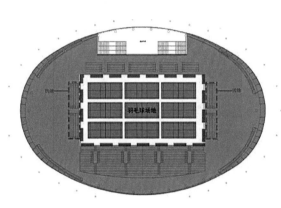

图5-46 赛后转化范围羽毛球场

置较偏，餐饮配套不完善，所以场地价格较为亲民（表5-12）。该场馆虽也承接过一些专业队伍的训练活动，但一般以举办区级的体育赛事及区级以下的大型室内活动为主，观众数量有限，观众座席在日常使用中经常处于闲置状态。热身训练大厅位于比赛场地西侧。在赛时，其功能为运动员热身场。赛后，西门对市民开放，热身场地成为夏季市民纳凉健身的好去处（表5-13）。

历城体育中心体育馆羽毛球场地收费标准　　　　　　表5-12

时间段		场地费	备注
周一至周五	9:00~12:00	10元/小时	团体包租场地视打球次数和时间段而定；球馆办卡说明： 1. 充1000元送100元 2. 充3000元送500元 3. 充5000元送1000元
	12:00~17:00	15元/小时	
	17:00~22:00	25元/小时	
周六、周日及法定节假日	9:00~12:00	15元/小时	
	12:00~22:00	25元/小时	

表5-13

2009—2019年历城体育中心体育馆举办活动统计表

时间	比赛名称
2009.7	第十一届全运会摔跤测试赛
2009.10	第十一届全运会摔跤比赛
2010.5	第一届"重汽杯"汽车系统篮球友谊赛
2010.10	力诺瑞特秋季职工运动会
2011.1	中国移动"迎新年"跨年晚会
2011.9	第二届"重汽杯"汽车系统篮球友谊赛
2012.8	"春芽杯"历城区青少年羽毛球比赛
2013.10	"黄金贝贝"少儿歌唱比赛
2014.12	俄罗斯金奖大马戏巡演济南站
2015.5	"大树篮球"济南市青少年篮球赛
2017.4	唐冶片区"企业杯"羽毛球联赛
2017.6	历城区第七届全民健身运动会暨区直机关"体彩杯"乒乓球比赛
2018.6	历城区第八届全民健身运动会暨区直机关"体彩杯"乒乓球比赛

（2）小尺度空间

辅助用房多功能使用是比赛场馆灵活性的一个重要方面。辅助用房可分为不能变化部分、不宜变化部分和可变部分，不能变化或不宜变化的部分包括各类设备用房、技术用房、卫生间、楼梯间、电梯等，这部分设置的位置和数量都有规范可循，也是经过推敲的结果，一般而言，不能改动或不宜改动。历城体育中心体育馆可变部分包括贵宾休息室，运动员更衣室，运动员休息室，运动员热身区，兴奋剂检查区，新闻记者工作用房，裁判、教练员、随行官员办公和休息室，医疗室等。非体育赛事时，这类辅助用房进行了相应调整，南侧赛事管理用房和西南侧贵宾餐厅、休息室等配套用房全部用作历城区体育局的办公室；体育馆北侧原为赛事管理办公用房，拆除了部分分隔墙，现出租给某文化传播有限公司。比较遗憾的是，该馆的辅助用房使用情况一直不甚理想。该馆辅助用房的消极闲置，究其原因，从物质层面上是设计上考虑的不周到，从意识层面上是因为对体育场馆辅助用房缺乏有机统一的使用理念，辅助用房在运动场馆建筑面积上占了一定比例，目前的使用情况不能不说是一种浪费。

健身馆（热身训练馆）至今仍未完成室内装修，未投入使用（图5-47）。

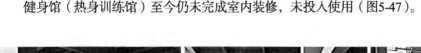

图5-47　健身馆现状

5.3.4　可持续利用策略

赛后历城体育中心比赛场馆虽然有用途的转换，但转换仅停留在功能上，以基本满足功能为标准，缺乏对比赛场馆潜力的深层次发掘。由于体育中心缺乏承办大型赛事的契机，只能依靠承办政府自身的体育活动和政府相关的企事业单位的活动，增加收入，想实现收支平衡，维持场馆运营，步履维艰。

（1）定位明确，注重人性化

深圳市南山区文体中心（图5-48）与历城体育中心的相似之处在于建设背景都是为弥补区级文化体育设施配套不足、公共空间较缺乏的现状。文体中心与南侧南山区图书馆和艺术博览馆隔街相望，共同组成了集文化、体育、休闲娱乐为一体的综合公共活动中心（图5-49～图5-51）。

区级体育场馆服务于全区，同时也能举办竞技体育赛事。历城体育中心在全运结束后，因区位较为偏远，周边居住未成气候，一度无人问津。2012年对历城体育中心东侧的文博中心进行激活优化后，带动了人气的回升。历城体育中心根据区域功能定位和自身条件情况，赛后功能以训练和全民健身为主，场地出租业务也逐渐受到历城区机关单位和公司的肯定。

（2）优化完善公交轨道站点可达性

城市区级体育馆的选址布点应尽可能地将公交、轨道站点与体育馆相结合，充分利用完善的城

图5-48　深圳南山文体中心
（图片来源：http://image.baidu.com/search/detail）

图5-49　南山区文体中心总体布局空间关系

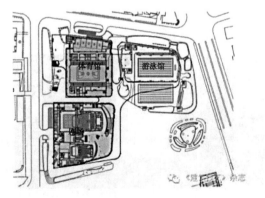

图5-50　文体中心平面布置

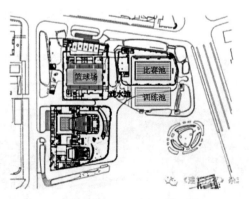

图5-51　体育馆和篮球馆功能布置图

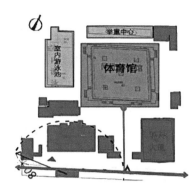

图5-52　上海市闸北区体育馆

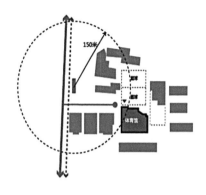

图5-53　广州市五所社区体育馆

市公共交通系统提升区级体育馆的可达性，如上海市闸北区（现闵行区）体育馆（图5-52）、广州市五所社区体育馆（图5-53）均有效地延长了体育馆辐射范围。

5.4　可持续发展特征总结

5.4.1　演变特征

5.4.1.1　由封闭到开放

在第十一届全运会比赛前，一些年代久远的老场馆经过改造升级，由原先只供体育赛事和运动员训练的场地转变成为广大市民提供大量体育活动的场地，凸显了新时代体育场馆的开放性。开放性场馆的核心特征是开放，每一个市民都可以进入并进行活动。这类场馆一般有永久性或半永久性的体育设施和固定活动的场地范围，运动项目形式多样，对辅助设施要求低，且不需要看台，所以在布置上有很好的灵活性和适应性，也更加注重体育场馆各类空间对城市的延伸与开放。第十一届全运会比赛场馆作为山东各地市的大型公共建筑，其开放性和公共性的属性使其成为区域公共空间体系中的重要节点，在区域环境中具有重要作用。

济南奥体中心和山东省体育中心不再拘泥于体育健身活动的开展，文化活动甚至商业性质的社会活动在建筑内部空间大量展开，其室外绿地与附属广场空间除进行室外健身活动外，常作为集会、游憩空间使用，丰富了城市公共空间。而建筑的公共性和对社区的开放性也使越来越多的室内公共空间向城市开放，扮演公共系统的一部分。历城文体中心后期通过室内外交通流线的组织和室内公共空间的营造，将街道、城市公共活力空间延伸至建筑室内，从功能上丰富了公共空间体系，使体育休闲活动更自然地融入城市公共生活。

5.4.1.2　由单一型到复合型

城市发展对大型体育场馆提出新的功能需求，全运会比赛场馆经历了由单一到多功能，再到复合型场馆的功能演变发展。从第十一届全运会比赛场馆的功能演变来看，也经历了从单一型、多功能型到复合型的发展历程。建于20世纪70年代的山东省体育中心体育馆是典型的单一型体育馆，比赛馆座席数6000个，比赛场地尺寸仅为25米×40.3米，场地适应性差，1988年城运会结束后闲置了多年，直至全运会前夕才被升级改造利用起来。进入21世纪，为全运会建设的奥体中心体育馆则考虑了多功能场地布置，内场尺寸为75米×48米，能够满足排球、手球、体操等多个项目使用，并设置了活动座席，可实现多功能转换，附属用房考虑了商业服务设施的设置，更多地体现赛后的多功能使用，呈现明显的复合型特征。此外，十一运比赛场馆的功能演变还具备跨阶段的特点，山东省体育中心和皇亭体育馆通过改扩建工程，从单一型或多功能型发展为复合型体育场馆，较好地适应了城市发展的需要。

5.4.2 可持续利用特征

5.4.2.1 以群众健身需求为出发点

济南市域全运会比赛场馆赛后开放有效地解决了体育健身群体日益增长与开放性专业体育设施缺乏之间的矛盾，因此场馆可持续最大的特点即以群众体育健身需求为出发点，强调群众参与性，场馆的可持续利用表现在以下几方面：

①体育场地大小及高度以体育训练或休闲体育要求为标准，正常开展各类体育健身活动即可，不刻意追求比赛标准。羽毛球、乒乓球、篮球、排球等球类运动比赛和训练场地规范尺寸有所不同，平日可采用训练场地尺寸，如排球场缓冲区可取训练标准3米，场地净空高度可取训练标准7米，而非比赛标准12.5米（图5-54）。

②赛时不设置大规模固定座椅，通过设置适量活动座椅并配套设计活动座椅收纳空间以满足临时性观赏需求（图5-55）。

③赛后不以比赛厅为核心组织流线，不采取配套功能围绕体育空间布置的空间组织方式，而是根据各项体育运动所需空间不同，大小空间立体组合，灵活组织流线。

总体来说，济南市域全运会比赛场馆赛后在空间处理上以市民为主体，尽可能

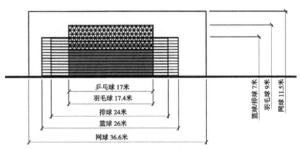

（a）比赛规范尺寸

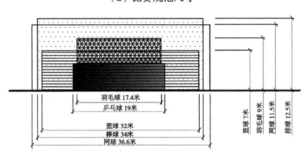

（b）训练规范尺寸

图5-54 主要球类运动比赛/训练场地规范尺寸
（图片来源：作者改绘）

图5-55 山东交通学院体育馆

图5-56　济南英派斯业健身房环境　　　　　　图5-57　皇亭体育馆健身环境

为群众健身提供种类丰富的运动，使各种功能空间都能得到高效利用。

5.4.2.2　以公益性为总体定位

济南市域全运会比赛场馆在前期设计和功能定位上的公益属性是这类体育建筑区别于商业性健身场所的根本所在。如区级全运会比赛场馆和健身俱乐部功能定位上均为体育健身场所，目标人群也同为服务半径内的体育健身爱好者，对于推进全民健身战略来说，两者都是重要的载体。但不同的是，健身俱乐部通过营造高品质的运动体验获取利润，所吸引的是有经济实力的体育爱好者。而全运会场馆则有明显的公益属性，通常由地方体育系统出资管理，只收取少量场地租赁费用，以便捷性、标准化、多样化的体育设施服务周边健身群体，不因高额的消费将部分体育爱好者拒之门外，以承载全民健身的需求为总体定位（图5-56、图5-57）。同时，运营模式的不同也决定了健身俱乐部和全运会场馆功能构成不同。健身俱乐部囿于场地和运营压力，通常以器械健身、瑜伽、体育舞蹈等对空间需求较为灵活的健身功能为主。而全运会场馆则相反，公益性定位使其不以追求商业利益为首要任务，可根据市民的实际需求，在相对充足的空间资源中以标准的球类场地为主、各类体育休闲活动为辅进行赛后功能空间设计。

5.4.2.3　建筑整体融入当地人文景观

全运会比赛场馆通常有跨度大、层高高的空间特点，通常要求在功能定位和整体外观上能与周边地区环境融为整体，这包括与当地的建筑、公共空间、环境景观和整体空间结构系统化的考虑，因而有其独特性。一是外观形体与周边建成环境相适应，或以立体灵活组织的形式出现，如历城体育中心、章丘体育馆，在容纳必要的体育功能的基础上，将各功能空间作为模块，灵活组织，以多样化的形态融入社区整体；二是作为重要的公共建筑，其建筑材料和建筑文化上应从当地环境中寻找灵感，融入当地文脉中。总体来说济南市域全运会比赛场馆可持续特征不再以形体标志性为主要追求，而是结合公共体育设施和地区服务型公建的要求，充分考虑当地人文环境，在整体设计上融入当地。

5.4.2.4   节能技术的广泛应用

济南市域全运会比赛场馆节能技术可持续发展主要体现在两个方面：一是全面推广建筑节能之前，山东省体育中心体育馆、皇亭体育馆等大型体育建筑改造率先使用新型屋面、门窗、墙体等建筑材料，推动了建筑节能材料的发展；二是推广建筑节能以来，全运会比赛场馆发挥了重要作用，在全国较早执行公共建筑节能设计标准。从这一意义上来看，济南市域全运会比赛场馆的节能技术引领了济南建筑节能的发展。全运会比赛场馆都严格执行了节能审查，外墙、门窗全部达到新的节能标准要求，注重运用自然通风采光技术、空调热回收技术、绿色节能照明技术、地源和水源热泵、太阳能光伏发电、太阳能热水技术等节能技术，是当时体育场馆在绿色节能背景下一次较好的尝试。

山东省射击自行车管理中心射击馆、交通学院体育馆等场馆还运用了围护结构新技术。其中，射击馆采用预制清水混凝土保温隔声挂板技术，外墙和幕墙传热系数明显低于节能标准要求。交通学院体育馆采用了双层围护结构，进一步降低了能耗。像皇亭体育馆和山东省体育中心游泳馆由于建成较早，对节能的要求没有很高，外墙的保温和隔热性能都不是很好，日常使用中的消耗很大。在这些场馆改造过程中，窗户的型材采用阻断热阻的断桥材料，进一步降低了建筑能耗，减少了赛后维护费用。

自行车馆根据功能划分，分三个区域进行空调系统设计，实现各区域的分时控制和自动调节，采用了变风量空调系统，取得了良好的节能效果。济南奥体中心空调系统设计采用的节能措施包括：采用高效水源热泵系统作为辅助冷热源，水源热泵系统设计具有回收冷凝热功能的水环系统，分区空调，全空气系统采用变新风比设计等。

济南奥体中心游泳馆采用了LED照明技术，1万多套LED灯具固定在支撑气枕的钢结构上，营造水分子的景观照明效果。济南奥体中心体育馆采用了光导管照明技术，在比赛场地上方设置光导管和800毫米的大口径漫射器，各房间、场所的照明功率和密度值按照目标值进行设计，采用高效光源和智能照明控制系统，降低人工照明用电，减少了室内照明的使用，大大降低了场馆照明能耗。

济南市域全运会比赛场馆共有9个项目采用了太阳能热水系统，5个项目采用了太阳能光伏发电系统。济南奥体中心体育场、历城体育中心体育场、山东省体育中心体育场、历城国际赛马场等比赛场馆安装了太阳能光伏发电系统。其中，济南奥体中心体育场安置了光伏并网发电系统，可提供广场照明和为地下车库提供白天照明[①]。山东省体育中心游泳馆、济南奥体中心游泳馆和山东省射击自行车管理中心自行车馆等场馆安装了太阳能热水系统。而太阳能热水系统与建筑一体化设计的应用，将解决场馆生活热水供应。此外，太阳能还大量应用于奥运会场馆草坪灯、路灯、景观灯的照明中（表5-14）。

---

① 冯可梁. 节能降耗技术在奥运建设中的应用［J］. 住宅产业，2007（12）：21-22.

2009年全运会比赛场馆建筑节能情况一览表 表5-14

序号	名称	建设类型	主要节能措施
1	山东省体育中心体育场	改扩建	节能围护结构、节能灯具
2	山东省体育中心体育馆	改扩建	节能围护结构、节能灯具
3	山东省体育中心游泳馆	改扩建	节能围护结构、节能灯具
4	皇亭体育馆	改扩建	节能围护结构、节能灯具、自然通风采光
5	济南奥体中心体育场	新建	节能围护结构、太阳能光伏
6	济南奥体中心体育馆	新建	节能围护结构、自然通风采光、节能空调技术、地源热泵技术、照明节能技术
7	济南奥体中心网球馆	新建	节能围护结构、自然通风采光、节能空调技术、照明节能技术
8	济南奥体中心游泳馆	新建	节能围护结构、自然通风采光、节能空调技术、地源热泵技术
9	历城体育中心体育场	新建	节能围护结构、太阳能光伏
10	历城体育中心体育馆	新建	节能围护结构、自然通风采光、节能空调技术
11	历城体育中心训练馆	新建	节能围护结构、自然通风采光、节能空调技术
12	历城国际赛马场	新建	节能围护结构、太阳能光伏
13	山东交通学院体育馆	新建	节能围护结构、自然通风采光、节能空调技术
14	山东体育学院棒球场	新建	不详
15	山东体育学院垒球场	新建	不详
16	山东体育学院曲棍球场	新建	不详
17	山东省射击自行车管理中心自行车馆	新建	节能围护结构、自然通风采光、节能空调技术、节能灯具
18	山东省射击自行车管理中心射击馆	新建	节能围护结构、自然通风采光、节能空调技术
19	章丘体育馆	新建	节能围护结构、自然通风采光、节能空调技术
20	莱芜综合体育馆	新建	节能围护结构、节能灯具、节能空调技术

5.5 本章小结

本章选取经历多次大型体育赛事和建设改造的济南奥体中心和历城体育中心两个不同类型的全运会比赛场馆作为案例研究，并从功能发展、节能、运营三个方面对比赛场馆可持续发展特征进行了分析和总结。其中功能发展是全运会比赛场馆可持续发展的重要内容，通过实地调研和对场馆管理者的访谈，呈现了场馆综合功能实现的基本状况，对其在多功能复合化、赛事功能的转换、观演功能的强化、全民健身功能的强化、与城市功能的融合等方面进行分析、探讨和总结。

|第六章| 后全运时期体育场馆可持续发展策略

6.1 实现手法研究

在第十一届全运会体育场馆设计阶段，设计者有意识地向空间集约化、景观层次化、建设开放化、形态地域化、技术高效化的灵活高效的设计方法靠拢，在考虑济南自然、历史、文化等多方面的城市特色的同时，着眼于绿色生态、低碳经济的发展，力求达到现代标志性、文化地域性、经济实用性、绿色生态性等多方面特点。通过规划、建筑和景观设计，结合济南山水城市特色及地域文化背景，以场馆为主体，创造出多维的城市空间界面，并通过建筑规划布局，结合场地内主要景观资源，意在打造适宜技术的地标性项目，为城乡发展注入新的活力。

6.1.1 设计依据

（1）《体育场馆设计规范》JGJ 31—2003
（2）《建筑设计防火规范》GB 50016—2006（2018版）
（3）《建筑建筑物防雷设计规范》GB 50057—2010
（4）《建设项目规划设计条件》
（5）现状资料以及与修建性详细规划、建筑智能化设计相关的国家现行的相关设计法规、规范、标准。

6.1.2 全运会比赛场馆建筑形象的个性化创作

6.1.2.1 以地方精神为前提的设计

全运会体育场馆的设计要体现主办城市的地方文化。体育场馆的文化代表性一直是一个不容忽视的属性特征。全运会体育场馆已不仅是一个比赛和健身场所，更被赋予了与当地相契合的精神。

以举办第十一届全运会拳击比赛的山东交通学院体育馆为例，它在设计时就定位为可举办全国性和单项国际比赛的甲级体育场馆。该馆于2009年4月落成并投入使用，是一座现代综合性体育场馆，是省内高校中功能、设备最齐全的体育场馆之一。场馆总建筑面积9747平方米，可同时容纳3000名观众的观赛需求，包括篮球训练场地、乒乓球训练场地、羽毛球训练场地、主席台、观众看台等多个功能用房。馆内配有先进的中央空调、灯光、音响、电子显像设备和完整的体育器材设施，馆外还配套有现代化体育场、网球场、篮球场、排球场等，是一个进行教学、健身、娱乐休闲及举办各类体育赛事和大型活动的理想场所。体育馆外部形象简洁有力，规则排列的长窗和窗洞使立面生动而充满韵律感，大面积的实墙面与建筑转角及顶部玻璃、金属板造型处理，突出了雄健、活泼、向上的地方精神性格。深远的挑檐不仅使建筑形象生动有力，而且在功能上很好地解决了场地内在要求。外部材料红色基调与周围建筑的色彩取得了和谐统一的效果（图6-1~图6-3）。

图6-1 交通学院透视图

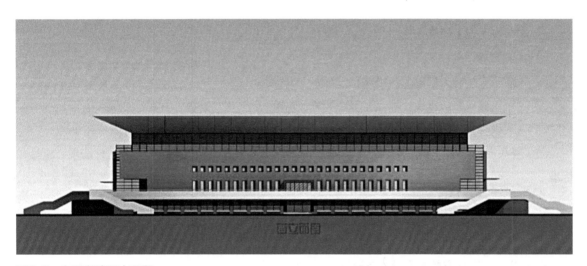

图6-2 交通学院西立面图

图6-3 交通学院南立面图
（图片来源：馆藏资料改绘）

图6-4　历城体育中心整体造型
（图片来源：济南市历城区唐冶新区管委会）

6.1.2.2　体现城市历史文脉

皇亭体育馆的历史渊源可追溯至1931年，1985年12月在原皇亭体育场址建成了体育馆。皇亭体育馆为举办全运会进行的改造除了在体育场馆的布局上以轴线回应了历史建筑，设计理念也体现了对城市历史文脉的回应，场馆用结构美感表达济南端庄深沉的文化底蕴。

历城体育中心建筑形象突出，新建成的"一场两馆"寓意"柳叶、浮云、露珠"（图6-4）。体育馆与健身馆相连为一体，建筑高度为26米。远看仿佛一片巨大的浮云，而两馆连接处的一个个巨大的镂空设计从高空俯视，宛如一颗颗巨大的露珠，体现了泉城济南悠久的历史文脉。

济南奥体中心设计构思"东荷西柳"，是地方特色设计理念的重要组成部分。体育场围护结构选以柳叶造型，讲述了一个有关生命形态的故事，体现了新时代体育中心的力量和动感（图6-5）。从建成效果看，围护结构的"柳叶"母题呈现出有韵律的节奏感，较好地化解了建筑体量对整体环境，特别是使用人群的压迫感。渐变的叶状肌理暗示着建筑师对自然形态的回应和尊敬，也给整座建筑披上一层轻盈通透的外衣。夕阳余晖映射在半透明的帷幕之上，"柳叶"的色彩随之徐徐变化，给整座体育场带来几分浪漫的气氛，在巨大的轮廓之下倍添诗意般的优美。体育馆造型取自"荷花"（图6-6），也给整座建筑披上一层轻盈通透的外衣。

图6-5　奥体中心体育场"柳叶"母题

图6-6　奥体中心体育馆"荷花"造型

6.1.2.3　呼应区域文化特色

章丘原先为济南市的县级市，是龙山文化的摇篮。章丘体育馆是第十一届全运会男女排比赛会场，屋顶覆盖PTFE膜，为体育馆室内提供良好的照明环境，PTFE膜由Y形柱进行支撑，支撑节点落在二层平台柱墩上，是章丘区第一座膜结构体育场馆（图6-7），造型曲线灵感源自当地黑陶器皿（图6-8），这是对区域文化的回应。

图6-7　章丘体育馆半球形形体　　　　　　　图6-8　黑陶器皿

6.1.3　全运会比赛场馆创作中的理性因素

6.1.3.1　环境理性

建筑形象创作离不开环境，建筑与环境是一对矛盾的统一体。建筑需要更好地利用场地周边环境，并且从中找到灵感用于建筑设计。建筑与环境更好的融合，一直是建筑师在设计中追求的目标之一。

第十一届全运会女排小组赛比赛场馆莱芜体育馆遵循可持续发展和低碳经济优先的原则，采用了因地制宜的设计理念，充分利用场地既有的自然条件和地理条件，把山形地貌与场馆的高差进行分级化解，既不破坏原有的山形地貌和自然景观，又打破了莱芜体育馆几何形体的单一性，将其与山地水系连成一个整体景观体系，使建筑本身富有变化（图6-9~图6-12）。

6.1.3.2　功能理性

全运会体育场馆的首要任务是满足专业体育赛事的需要，功能为先体现了体育场馆的理性设计。在场馆功能定位合理、场地选型合适的基础上结合造型考虑，可实现体育场馆持续发展。

山东省射击自行车管理中心射击馆建筑面积2.3万平方米，承担第十一届全运会射击（10月17~22日）比赛项目。射击馆由六大功能区组成，分别为决赛靶场、50米靶场、25米靶场、10米气枪靶场和10米移动靶靶场和附属用房，5个场地配置座席440个，附属用房功能分布合理，使用方便（图6-13~图6-16）。外观造型根据功能空间调整，简洁大方，呈两个互相咬合的长方体。射击馆与南侧

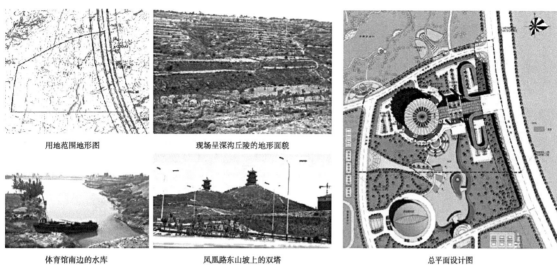

用地范围地形图　　　　现场呈深沟丘陵的地形面貌

体育馆南边的水库　　　　凤凰路东山坡上的双塔　　　　总平面设计图

图6-9　场地周边　　　　　　　　　　图6-10　总平面设计

图6-11　南立面设计

图6-12　东立面设计

［图片来源：王道正. 体育场馆在山地建筑中的设计实践［J］. 建筑技艺，2013（6）：208-211.］

自行车场馆建筑形象相协调，在色彩、形体以及建筑的表情上取得一定程度的相似，使它们成为一个统一协调的建筑群。射击馆造型设计注重线条、质感、光影等建筑元素的运用，以现代、简洁的形体，全新的材料来表达时代信息。实墙与玻璃幕墙的虚实对比，具有良好的视觉效果（图6-17）。装饰线条简明但着重细部收口处理，给人良好的视觉享受。因为地形高差起伏较多，场馆尽量结合地形，减少对自然地形的破坏，使建筑融于环境之中。

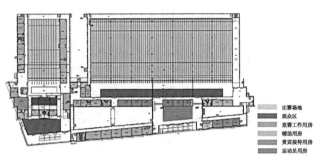

图6-13 管理中心射击馆A段一层平面示意图

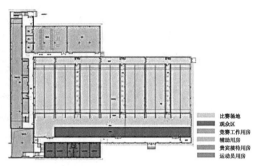

图6-14 管理中心射击馆B段一层平面示意图

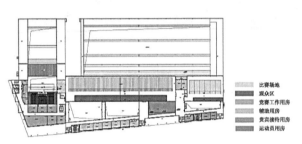

图6-15 管理中心射击馆A段二层平面示意图

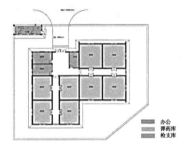

图6-16 管理中心射击馆弹药库一层平面图

图6-17 管理中心射击馆外观

6.1.3.3 技术理性

随着城市发展，从节能政策、节能标准和运营成本控制等方面对全运会体育场馆的节能降耗也提出了更高的要求。全运会体育场馆因其室内空间大，对温度、光线等要求高而成为高能耗的建筑。建筑节能是影响全运会体育场馆日常运营成本和建筑可持续发展的重要因素，正在日益受到人们的重视。我国大型体育场馆能源费用支出在场馆运营支出中所占的比重较高，一般大型体育场馆能源费用占运营收入的比例达到40%以上。为了实现良好的经营效益，全运会体育场馆必须采取节能降耗措施来降低运营成本。

　　济南奥体中心在建筑设备及可持续发展方面采用多项技术，使它跻身当代最先进的体育场馆之一。地源热泵空调系统、太阳能热水系统、水蓄冷技术每年能够节约相当可观的能源；绿色照明技术在很大程度上减少了电网的诸多污染；多系统联动的智能化控制体系，正在为大规模的体育盛会提供着最可靠的安全监控。

　　体育场采用地源热泵空调系统，承担体育场非赛事期间的部分空调采暖负荷，峰值负荷由能源中心和市政热源承担，该系统与原有能源系统并列运行，地埋管在建筑物周边就近埋设。地源热泵系统冷负荷为4000千瓦，总热负荷为3500千瓦。土壤源热泵系统，每年可以节省能源折合成标准煤424吨，每年减少CO_2的排放约1125吨、SO_2约7585千克、烟尘约6532千克、炉渣262吨，对改善城市的空气质量有相当大的作用。

6.2　不足与反思

　　涉及比赛场馆的规划、建筑决策等方面，采用系统周密的策划是实现场馆可持续发展的根本所在。可持续的原则和方法应该从建设之初就贯穿于设计前期，需要建设方、运营管理方、使用者、项目策划、规划师以及建筑师多方共同参与。距离第十一届全运会比赛闭幕已经过去12年了，通过这段时间济南市域全运会比赛场馆的使用反馈，对其积累了一定的经验和反思。

6.2.1　对比赛场馆建设启动新区开发的反思

　　第六届全运会主会场天河体育中心模式被认为是全运会比赛场馆成功带动城市新区发展的典型案例。但是天河区发展并不仅因为天河体育中心的推动作用，还得益于城市东扩战略、广州东站建设以及政府在市政设施上持续投入等多方面原因。只不过作为眼见为实的鲜活证据，天河体育中心的推动作用在一定程度上被夸大了，因而在形式上被其他城市管理者所效仿。

　　济南市是典型的带状城市，在第十一届全运会举办前夕奥体中心的选址过程中，充分考虑城市结构，最终选址定于新老城市交汇区。方案最终将济南奥体中心打造为东部片区的核心公共服务组团，利用奥体中心配建的体育设施、商业设施等为东部新城发展提供了驱动力，带动城市发展。另一方面，奥体片区作为龙洞片区和贤文片区的南北联系纽带，为大量居住、产业功能提供了疏解功能，成为济南市大规模商业、文化、体育、休闲、娱乐、群众健身的综合场所。

　　可是第十一届全运会结束后至2010年期间，济南奥体中心门可罗雀，奥体片区建设陷入严重的赛后冷场效应之中。为了扭转这种局面，济南市政府对奥体新城进行了持续投入，并采取了多方位的招商引资和发展周边产业政策。从济南奥体中心的案例可以看出它确实对奥体片区发展有一定的促进作用，但其发展和兴建并不是"规划＋体育中心"建成就可坐享其成的，交通、产业（就业）、配套服务设施的完善是奥体片区得以发展的保证。

6.2.2　对比赛场馆带动乡镇级体育设施发展论证不充分的反思

早在2014年，国务院发布《关于加快发展体育产业促进体育消费的若干意见》，明确提出推进实施农民体育健身工程，在乡镇、行政村实现公共体育健身设施100%全覆盖。2019年，山东也推出了农村体育两年行动计划，确保在2020年底前实现农民体育健身工程"全覆盖"。2020年10月，国务院办公厅发布《关于加强全民健身场地设施建设发展群众体育的意见》，旨在健全全民健身制度的举措，解决城乡居民"健身去哪儿"难题。加强健身设施建设，发展群众体育，更好地满足群众的健身需求，是各级人民政府应履行的重要公共服务职能，是贯彻落实全民健身国家战略、推进健康中国建设、加快建设体育强国的必然要求。十多年前，山东省政府在第十一届全运会比赛场馆前期筹划阶段较有超前意识地考虑到全运会比赛场馆选址不仅要惠及市民，更要囊括乡镇村一级的村民，要实现居民拥有体育设施权利的公平性与同步性，这也是基于山东省这一农业大省自身特点所提出惠民举措。

但由于时代的局限和理论的不完善，当年在考虑第十一届全运会比赛场馆的选址时，更加注重赛时交通的便捷性和可达性。虽然全省比赛场馆中新建的场馆有近四分之一位于区县郊区位置，但赛后对于村民的开放程度并不友好。后全运时期，市民在享受15分钟健身圈社区覆盖率85%以上、公共体育设施免费或低收费时，村民并没有较好地享受到后全运时期带来的体育设施的红利，这是在第十一届全运会比赛结束后值得反思和吸取教训的。

6.2.3　对选定中标规划方案论证不充分的反思

山东体育学院内有第十一届全运会棒球、曲棍球、垒球比赛场馆，依据山东省委省政府提出的要加强山东体育学院建设的要求，依托济南主办第十一届全运会的契机，为拓展办学空间、扩大办学规模，体育学院启动了东部新校区建设。体育学院与一般高校体育馆不同，其校区规划首要需满足承办第十一届全运会比赛、训练对体育场馆的基本要求，兼顾山东省运动队扩大规模后备战第十一届全运会对训练设施的需求。赛后要形成集训练、竞赛、科研、教学一体化的山东体育学院新校区。

项目选址在济南市东部新区泉港路东侧、世纪大道南侧、凤凰山西北，基地南侧为规划道路，与山东建筑大学新校区相邻，基础设施完善，西距济南市奥体中心6公里左右（图6-18）。项目总占地面积78.1公顷，其中一期工程62公顷，约930亩，二期（省竞技学校，现山东省射击自行车运动场馆）工程16.1公顷，约241亩（图6-19），前期选址符合体育学院发展趋势。

山东体育学院新校区前期规划方案的中标单位为德国罗昂（方案一），中标方案（图6-20）落地实施性并不强，没有很好地考虑当地的特点，没有根据不同功能区的特点予以合理的功能转换，也未突出绿色开放、时尚健康的特色。中标方案不接地气，匪夷所思，实施起来困难重重。最终落地方案还是汲取了华南理工大学孙一民团队方案二的精华进行深化（图6-21）。

方案二将山东省体育学院定位为"开放、资源共享、生态发展"的新型体育大学，强调发掘体育院校的资源优势，运用"全民健身和以馆养馆"的设计理念，整体上体现了"两轴一心一带"的结构形式（图6-22）。"两轴"：一轴为北起世纪大道校园主入口，延伸至教学群楼，并贯穿校区的中

图6-18 山东体育学院区位图
（图片来源：华南理工大学工作三室投标文本）

图6-19 山东体育学院占地面积

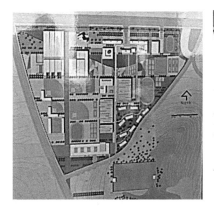

图6-20 方案一
（图片来源：山东省体育局）

图6-21 方案二
（图片来源：华南理工大学工作
三室投标文本）

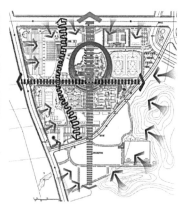

图6-22 方案二结构轴线
（图片来源：华南理工大学工
作三室投标文本）

心生态景观轴线；二轴为与校西入口广场紧密相连的全运会景观步道。"一心"即绿色生态核心区，由校园景观水体、公共广场、林荫大道等开放空间与核心图书馆教学群楼组成。"一带"即生态绿化带，利用带状绿化结合人行布道、园林小品、配套设施等形成复合功能的空间形态。现今的体育学院轴线布局也借鉴了方案二的精髓（图6-23）。

在功能分区方面，方案二提出整个核心教学区以公共教学楼为中心，公共教学楼、实验楼与图书馆组成一个建筑群落，利用步廊的相互联系，提供一个全天候步行体系的空间布局（图6-24、图6-25）。核心教学区

图6-23 现状结构轴线

图6-24　方案二功能分区示意图1
（图片来源：作者改绘）

图6-25　方案二功能分区示意图2
（图片来源：作者改绘）

通过主入口主轴线展开，以公共教学楼作为视觉焦点，以实验楼、图书馆作为环绕背景，以远山形成天际轮廓，以校区景观湖面作为前景衬托，形成一个开放大气的空间序列组群。第十一届全运会竞赛训练区布置在新校区的西侧，与竞技学校（现山东省射击运动管理中心）比赛场馆结合考虑，以生态绿化带为界，利用景观水体和林带进行自然分隔。整个竞赛训练区以东西向全运会步廊为中轴，以奥林匹克广场为核心，开敞空间与建筑单体相结合，构成疏密有致、动静有序、收放有度的空间序列。方便全运会赛时大量观众的集中使用，也便于赛后可持续利用。最终落成的校园也是将竞赛区置于校园体育轴线的终点，成为这一轴线有力的结束点，场馆建筑恰如其分地融入所处校园环境之中。

总体来说，方案二布局对于校园使用来说相对独立又便于体育馆的赛后利用。室外的广场结合景观安排充足的停车场地，供场馆使用。虽然最终落成方案汲取了方案二的精华，但是因为论证不充分，确定了方案一为中标方，整体和细节都无法互相理解与沟通，导致因为前期策划团队的不专业使得体育学院比赛场馆后续使用过程中出现了许多问题。

体育学院比赛场馆后续利用的过程中，棒球场已改建为足球训练场，垒球场也荒废多时，变为了杂草丛生的场地，只有曲棍球场田径跑道赛后转化为田径赛场，还留有一席用地。究其原因，有以下两点：一是由于体育学院分期建设，赛前在不影响总体布局的前提下，本意可以结合将来发展预留部分发展备用地，然而在校园建设过程中，领导换届，不断调整规划用地，场地短期利用率不高就将足球训练场、垒球场和曲棍球场转变为备用用地结合后期建设考虑，使得这三个比赛场地更加没有了人气；二是中标前期策划方案将三处场地周边道路规划得过于狭窄，停车位不足（图6-26～图6-32）。

图6-26　体育学院比赛场地赛前调研1

图6-27　体育学院比赛场地赛前调研2

图6-28　体育学院比赛场地赛前调研3

图6-29　体育学院比赛场地赛后现状1

图6-30　体育学院比赛场地赛后现状2

图6-31　体育学院比赛场地赛后现状3

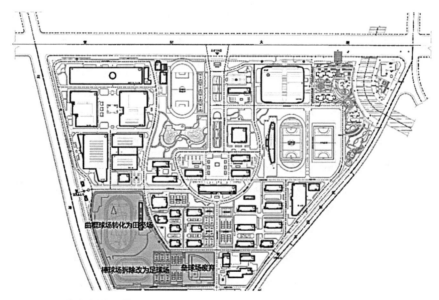

图6-32　体育学院现状

6.3　优化策略

6.3.1　基于乡村振兴背景下的可持续发展策略

2021年的中央一号文件中，"乡村振兴"一词再次成为重点内容。在后全运时期推行体育建设工作的过程中，不仅需要打造好惠及市民的全民健身场所和运动，也应围绕村民所需所想的领域和工程"精准"发力，让体育赋能乡村振兴，让基层体育运动逐渐向常态化、休闲化、全民化转变，助力美好品质生活再提档。在具体推进实施过程中，应统筹规划、因地制宜，充分考虑辖区内各村发展实际情况，借力美丽乡村建设和生态文明创建两项重点工作，着力打造乡村振兴下的美丽乡村。在"乡村振兴"这一时代背景下，涌现出了一批以体育设施建设和体育活动开展作为切入点，作出了自身特点，带动了美丽乡村建设的案例。

2018年，区委科学规划并大力实施乡村振兴西郊示范片建设，围绕产业兴、环境美的路线，在"步行绿道"上大做文章，加快城乡融合发展的步伐，并与脱贫攻坚、乡村旅游、产业发展和群众生产生活有机融合，实现了"建成一条绿道，发展一片产业，富裕一方百姓"的目标。每个乡村"会客厅"还建有篮球场、羽毛球场、健身路径、儿童游戏园等运动场地等设施。所在辖区的每个村都有健身场地，丰富了村民的娱乐活动。

坐落在大别山区的河南新县，生态条件优越，体育资源丰富，是国家生态县，于2018年实现"脱贫摘帽"。对新县来说，无论是决战决胜脱贫攻坚阶段，还是大力推进乡村振兴的当下，体育产业都是重要的抓手。近几年，新县坚持"红色引领、绿色发展"理念，通过做大做强体育产业，实现"体育+旅游"跨越式发展。2019年，以体育为代表的第三产业占全县GDP比重45.2%，占财政收入比重超过30%，新县也连续两年入选"中国体育旅游精品目的地"，大别山国家登山健身步道被评为全国18条体育旅游精品线路之一。依托大别山特有的山地、河湖、森林等资源优势，新县建成总长500公里的大别山（新县）国家登山健身步道，配套标识标牌、智慧系统，这是河南省首条国家级登山健身步道，也是全国首条智慧型国家登山健身步道。依托健身步道，新县通过举办全国群众登山健身大会、国家登山健身步道联赛（新县站）、China100户外运动挑战赛、亚洲越野大师赛等国家级、国际级体育赛事成功繁荣了"步道经济"。不断落地的体育赛事让步道沿线的乡村人气更旺、活力更足。目前，新县围绕登山步道已发展农家乐600余家，建成精品民宿119处、采风创作基地20处、生态农业综合体14个，开发特色商品220多种。健身步道更成为纽带，串联起全县10处国字号风景区、365处革命遗址遗迹和51处传统村落，成功打造体育旅游精品线路5条，建成体育旅游景点27处。2019年，新县成功创建为首批国家全域旅游示范区，新县体育产业的链条不断拉长，年接待游客均超过100万人次。"步道经济"蓬勃发展，带动沿线13个乡镇、57个村、3万多名村民创业就业，发展体育产业，美丽风景转化为美丽经济，深刻践行了"绿水青山就是金山银山"。

而闽东革命老区福建省寿宁县则是依托"体育+红色旅游"经济增长新模式，获得了"全国脱贫攻坚楷模"荣誉称号，从没有一条路的"五无"贫困乡镇到远近闻名的生态红色旅游小镇。寿宁县下党乡的村容村貌发生了翻天覆地的变化，靠的是一条"体育专线"。每年夏天，下党村都会举办一场"不忘初心·难忘下党"徒步大会及越野赛。赛道设在寿宁县的好山好水之间——从平溪镇屏峰村出发，终点设在下党乡下党村，途经廊桥、茶山、树林、水库、古道等美景。该项赛事得到福建省以及各级体育部门的大力支持，活动组织经费的近三分之二来自体彩公益金。通过徒步大会及越野赛，下党村累计接待游客十几万人次，村里不少土特产品"脱销"，直接拉动了当地经济发展。赛事有力推动了下党乡的脱贫工作，也带动了地方特产和民俗文化的宣传。这种经济增长新模式也让下党乡的乡村振兴之路更加宽广。

全运会作为全国规模最大、规格最高的体育盛会，意义和影响深远。已经举办过全运会的省份及地市应好好利用全运会自身的价值和资源，带动全民健身和乡村振兴建设。后全运时期体育设施应秉持"乡村振兴"这一理念。乡村振兴，体育不可缺失。作为乡村发展的新动能，体育对乡村经济拉动作用巨大，是乡村振兴的重要抓手。一方面可以盘活乡村运动休闲资源、拓展乡村消费空间、促进乡村产业结构升级；另一方面可以改善农村面貌、促进乡风文明、推动乡村绿色经济发展，进而提升区域综合实力。在体育助力乡村振兴过程中，广袤的乡村为运动休闲提供了优越的发展条件，体育资源为乡村振兴提供了源源不断的"流量"，体育产业让乡村的经济发展有了更强生命力，让村民的生活更美好。着力打造乡村振兴下的美丽乡村，也是后全运时期必须完成的时代任务。

6.3.2 基于城市协调发展背景下的可持续设计策略

与城市协调发展是大型体育场馆可持续发展的重要内容，涉及大型体育场馆的微观布局，即大型体育建筑选址、总平面规划、建筑形态与城市环境的关系。一方面，应重视体育建筑对城市的影响，加强城市设计角度的体育建筑研究，避免新建项目片面强调体育建筑的标志性，孤立于城市环境；另一方面，现有建筑的维修改造和日常使用，需要符合城市设计、历史风貌保护和城市环境整治要求。

华南理工大学建筑设计研究院工作三室在参与第十四届全运会主场西安奥林匹克体育中心的竞赛方案过程中，跳出用地范围，内外结合，从更大范围思考体育场馆总体布局，创造了一个体育场馆协同城市发展的优秀案例。方案基于宏观城市环境提出了应以创造系统、复合的功能区域为目标，对体育中心项目周边地区进行覆盖片区、组团、地块等不同层面的综合设计，把体育中心纳入到整体规划中来，使之具有空间上的连续性和完整性，突出了从城市空间结构角度进行设计构思的特点。

6.3.2.1 项目概况

（1）区位

西安奥林匹克体育中心位于西安国际港务区西部片区，是2021年第十四届全运会主会场。港务区地处西安市灞渭三角洲，是西安经济社会发展和城市建设"北扩、东拓、西联"的前沿区域，总面积44.6平方公里。

（2）服务半径

基地交通便利，距离西安城区半小时车程，1小时可达机场、火车站；基地位于关中城市群中心位置，2小时车程范围可达区域各大核心城市（图6-33）。

（3）上位规划及政策

1）西安市总体规划

根据"一带一路"政策，西安国际港务区位置优越，适宜发展国际物流、国际贸易等现代服务产业体系的同时，可打造为融合商务金融、现代科技的智慧新城。竞

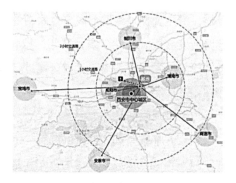

图6-33 服务半径示意图
（图片来源：孙一民工作室投标文本）

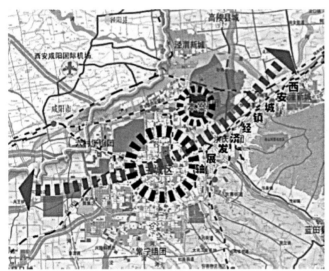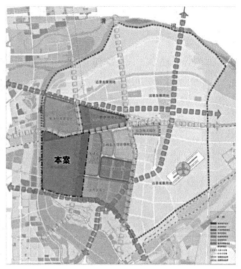

图6-34 西安市域城镇体系空间结构规划　　　图6-35 港务区功能结构图

[图片来源:《西安市城市总体规划(2008年—2020年)》] [图片来源:《西安国际港务区规划 (2008—2020)》]

赛方案从西安城镇经济发展轴入手,把握西安向东北方向发展的大势,结合当地历史人文气息,打造环境宜人、产业兴荣的西安港新城(图6-34);有利于迎合十四运会体育赛事,完善公共服务设施体系,形成良好的公共活动中心,聚集港务区内的活力与人气。

2)西安国际港务区总体规划

西安奥林匹克体育中心的规划设计,将根据新的相关政策,从新的时代背景出发,发挥基地本身的优势及特色,抓住机遇与挑战,对基地内的空间格局以及整体功能进行因地制宜的设计(图6-35)。

6.3.2.2 目标定位与设计特点

(1)设计目标和定位

秉承"创新、协调、绿色、开放、共享"五大发展理念,将西安奥林匹克体育中心所在的西安国际港务区域打造为:以体育产业为先导的复合型临港都市活力中心区,树立"产城融合式"发展的新标杆。国际港务区新城中心的规划结构以体育中心、网球中心、全运村、中央商务区为发展极核,沿主要交通线路形成多个联动的城市组团,以绿色开放的生态廊道相互分隔与联系,建立智慧城市发展模式以共享多元信息。各组团内部建立环境高质量、服务高效率的社区公共中心,并通过便捷的交通系统与周边城市区域进行联系,形成彼此交融的可持续发展的新中心区整体空间格局(图6-36)。

(2)设计原则

建立并加强与周边地区的联系——目前规划区域的发展未形成整体格局,道路网密度偏低,公共空间不连续,造成基地与周边尤其是西安现有城区中心缺乏有效的联系,景观空间无法相互联系渗透。规划将建立并强化基地与灞河滨水空间、现有中心城区的联系,使其成为承载地区公共生活的重要轴线廊道空间。

图6-36　西安市域城镇体系空间结构规划
（图片来源：孙一民工作室投标文本）

营造适宜尺度的街区环境——改变以往"一层皮"的商务商业开发模式，以轨道交通和体育中心建设为启动契机，有效辐射周边区域的功能板块，激发联动式发展，形成特色化的整体商业氛围（图6-37）。

低碳生态型紧凑空间发展模式——规划提倡生态环境综合平衡制约下的城市发展新模式，运用环保、低碳、节能、生态技术相结合的理念与方法，以紧凑型空间布局为指导原则，打造环保低碳的生态型城市空间格局（图6-38）。

（3）设计理念

融入山水特色的低碳城市空间形态——通过引水入城、围水造景、轴线控制、多层次空间渗透等建立地区开敞空间架构，同时融入古都地域和文化特色，运用传统空间布局手法和环境理念，形成一体化的低碳生态型城市空间形态。

集约复合的土地利用模式——秉承集约、复合、立体、多样化的土地利用原则，设计提出以下几种土地利用模式。A中轴商务模式：采取办公（高层）+商业（1~4层）+酒店（高层）+城市综合服务（1~4层）的模式。B商务街区模式：采取办公（高层）为主、商业（首二层、临街）和居住（高层）为辅的功能模式。C地铁商业模式：采取大型城市级商业（首二层或低层、地下与地铁站点连通）、居住（高层）为主，办公（高层）和交通集散（地下或首二层）为辅的功能模式。D商业街区模式：采取商业（首二层或低层）、居住（高层）为主，办公（高层）为辅的功能模式。

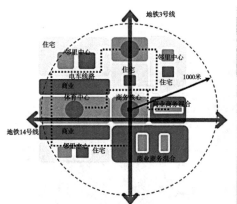

图6-37 适宜尺度的街区环境
（图片来源：作者改绘）

图6-38 低碳生态型紧凑空间发展模式
（图片来源：作者改绘）

多点激发，形成合力的功能系统——以体育中心功能为先导，商务商业功能为助力，强化居住、文化和游憩功能。在体育中心、网球中心、全运村等先导功能开发的基础上，引入临港综合服务等功能助推地区的持续发展。

与轨道站点联合开发，构筑高效多模式的空间系统——结合地铁3号线和14号线站点，以及规划的环绕中心区的悬吊式公共列车系统，综合考虑站点周边土地和街区的联合开发。积极整合利用地上、地面和地下空间，立体化布局城市功能，构筑高效的交通、购物、旅游、办公、居住一体化的城市空间体系。以轨道交通站点开发为启动力带动地铁沿线的土地开发，再纵向辐射内部的各个地块，最终实现"以点促线，以线带面"的逐级有序开发局面。

6.3.2.3 城市层面下体育中心及周边地块可持续发展

（1）总体空间结构

体育中心及周边地块将构建"一带、两轴、三心、多组团"的功能和空间组织架构（图6-39）。一带——沿瀿河的湿地生态廊道，为新城中心区提供高品质滨水开放空间。两轴——东西向全运主轴，西边与瀿河相连，向东延伸为陆港商务商业轴线；南北向全运次轴，北接网球中心和全运村，经中心湖地块核心商务节点向南边商务商业集群延伸。三心——体育中心核心、网球中心核心以及商务商业核心。多组团——基于轨道交通站点和开放空间网络，组织中轴片区周边自我完善和相互支持的各个特色功能组团。

（2）道路及交通系统规划

规划在延续原有干路网络的基础上，把体育中心用地北侧柳新路的等级从次干道升级为主干道，形成"五横三纵"的主干路网络。有助于提高体育中心赛时赛后出现过多人流车流时的交通组织能力。此外，规划还增加了支路网的密度，更好地落实小街区紧凑发展理念，有利于形成集约、高效、活力、联系便捷的新城中心区空间。规划倡导以公共交通为核心，小汽车交通与慢行交通为补充的综合交通体系。通过已建成的轨道交通3号线与规划的轨道交通14号线，承担大运量的客运交通功能，快速疏导人流，提高城市街区的可达性。规划建议的悬挂式空中电车系统，无缝衔接地铁站点，不仅能满足赛时运动员、裁判员与观赛市民的使用需求，还能在全运会后满足新城居民的区

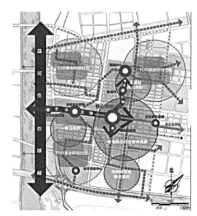

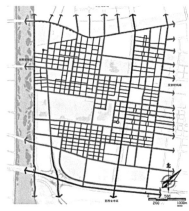

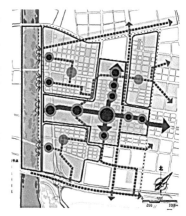

图6-39　总体空间结构示意图
（图片来源：作者改绘）

图6-40　道路及交通系统规划示意图
（图片来源：作者改绘）

图6-41　公共开放空间示意图
（图片来源：作者改绘）

域内快速通勤需求。通过地铁站与电车站衔接公交站点、慢行交通转换设施以及地下、地面和地上立体化商业空间的出入口，真正形成互联互通的人性化低碳交通系统（图6-40）。

（3）公共服务设施系统规划

为保证西安奥体中心所在街区的场所活力，依据上位规划的公共服务设施标准进行设施布局，在此基础上根据城市设计结构中提供持续开发支持的、分散在中轴片区周边的多个TOD混合社区组团，提出将公共服务设施规模化整为零的思路，在提高服务效率的同时，也为社区带来更高质量的空间环境。此外，为充分落实混合社区的发展理念，将行政功能用地与社会服务功能混合布局在社区中心里面，提升城市用地使用效率。

（4）公共开放空间规划

以灞河滨水景观带、中轴片区的东西向主轴和南北向次轴为开放空间的基本框架，绿地和滨水景观相互渗透，连同西安奥体中心公共建筑形成多个公共空间节点，通过次级开放空间廊道和步行路径将各组团连接成整体公共空间体系。高层建筑错落有致，形成丰富而流畅的天际线。裙楼界定出街墙，形成连续的街道空间。建筑体块组合清晰，确保建筑物具有良好的采光和通风条件。标志性塔楼、景观节点、公共建筑综合体与地铁站点等形成视线对景关系，突显出城市中心区的门户形象。滨水建筑与朝向开敞空间的建筑体量逐渐减小，形成亲切宜人的尺度（图6-41）。

（5）地下空间规划

规划充分考虑地下空间利用与公共交通衔接，开放空间及街区建筑形态有机结合。根据不同的功能需求，通过结合中轴片区的地铁站点、体育中心、全运村以及商务核心组团的开发，形成紧凑节约的城市中心区环状伸展的地下综合空间系统。地下空间还充分考虑了与地面以上的公共景观空间及建筑裙房界面的一体化设计，成为中心区独具特色的标志性景观场所。

（6）景观、绿地和水系统规划

方案遵循"点、线、面有机结合，网络化一体建设"的原则，以大小不同的滨水空间和绿地公园节点为线索串联起灞河生态廊道与内部街区的景观网络。运用"海绵城市""智慧城市""综合管廊"等技术，使生态要素系统、信息控制系统、市政基础设施等真正成为城市发展可以依托的基底和调节器。

6.3.2.4 实施开发可持续

体育中心的建设将带动基地及周边地区的快速发展。中轴片区的体育中心、网球中心、全运村、核心商务区等将在2021年全运会之前全面建设完成，在轨道交通3号线、14号线和本次规划的环绕中心区的悬吊式公共列车系统的拉动下，将有力带动周边地区各具特色的TOD混合功能社区组团的持续开发。结合国际港务区其他地块的同步建设，将逐步形成完善的临港产业布局及其服务配套系统。

方案遵循整体协调、土地价值释放最大化原则，以体育中心项目启动为契机，采取以中轴片区建设为依托，沿地铁站点为中心聚点开发，带动周边沿线地块滚动开发的模式。为实现此目标制定可操作的分期发展计划及实施策略，并对启动区范围提出建议。用地范围内总体上分为三期开发，每一开发期又细分为依次启动的不同区域。

该方案并不仅着眼于西安体育中心这一单体，而是通过全面综合的调研、上位规划的解读形成对该地区城市发展状况的充分理解，进而构建区域层面的功能结构、开敞空间框架和基础设施网络，为体育中心发展提供支撑。这一案例为体育场馆与城市协同发展提供了可借鉴的设计方法和策略。

6.3.3 基于功能发展背景下的可持续设计策略

实现功能可持续发展对提升体育场馆的建筑价值十分重要。大型体育建筑设计应以功能可持续发展为目标，统筹考虑当前使用需求和未来发展需求，针对当代体育建筑功能复合化、多元化的特点，在功能策划的基础上，应以灵活性、适应性和弹性应变为原则，实现可持续建筑设计。全运会比赛场馆及相关设施的建设及使用应当遵循以下原则：既能满足举办全运会比赛的需求，又能为城市的长远发展创造有利条件。

6.3.3.1 功能更新应紧跟时代脚步

对于比赛场馆而言，由于竞赛规则不断优化，信息技术等赛事相关技术发展很快，再加上运营需求的发展和变化，对功能更新的速度提出了新的要求。山东省政府、济南市政府投入大量资金对建成十年以上的场馆都进行了不同程度的优化改造，更新和完善了场馆使用功能，延续了使用寿命。皇亭体育馆、山东省体育中心体育馆等场馆设施水平从第二代升级到第三、四代，从设施条件来看并不落后于济南奥体中心和历城体育中心等新建场馆，能够满足新的赛演功能的要求。

6.3.3.2 功能考虑复合化，赛事功能考虑低频化

随着城市和社会发展，全运会比赛场馆功能变得更加复合化，逐渐成为集赛演、全民健身、商业办公、休闲娱乐等功能于一体的体育综合体。根据2017年济南市演出市场统计与分析报告，济南市营业性演出场所中，济南奥体中心、山东省体育中心、皇亭体育馆、山东交通学院体育馆和历城体育中心等全运会比赛场馆，2017年实现演出收入0.83亿元人民币，占济南市全年演出收入的61%。从不同功能的使用频率来看，最基本的体育赛事功能却成为使用频率较低的一项，绝大多数体育场馆每年举办竞技体育赛事场次为个位数。对体育建筑而言，演艺等文化活动，全民健身以及商业、

办公等功能需求越来越大，其建筑功能的适应性应越来越高。

6.3.3.3　功能空间利用应体现多元化

场馆赛后所面对的目标群体为体育健身群众，该群体构成复杂，从年龄上来分，儿童、青少年、中年、老年，各自有着明显不同的健身时段和场地需求；从性别上来分，男性、女性所喜好的体育类型差异较大，而对体育健身环境的希冀更是千差万别。总结来说，健身群体的需求具有多样、可变的特点，场馆配置应满足各种人群的健身需求，空间改造也不应以某一类健身群体的需求为主。需考虑到儿童所需的游憩空间，青少年所需的体育培训空间，中年所需的器械及球类健身空间，老年人所需的舞蹈、棋牌游艺空间，女性所需的体操空间等，并配置以相应的休闲、餐饮、体育用品销售等配套设施。另一方面应考虑健身时段的不同带来的空间利用分时段的可能性，以达到比赛场馆整体的高效利用。

6.3.3.4　功能空间应注重可生长性

功能更新需求决定了全运会比赛场馆空间的动态变化，可生长性成为比赛场馆空间发展的重要特征。为了满足新的赛事承办需求和日常运营需要，场馆在发展过程中需要对功能用房、看台等进行扩容，其设计和建设应考虑未来发展的可能性，预留发展空间和条件，建设可采取分期实施的方式，未必一步到位。

6.3.3.5　功能空间应注重因地制宜

比赛场地是体育场馆的核心空间，基于可持续发展的功能特征表现之一是减少对既有比赛场地的改造，顺应场地格局，举行适宜全运会开展比赛的项目。皇亭体育馆比赛场地尺寸为34米×24米，尽管场地不能满足国际篮球比赛要求，全运会前对场馆进行升级改造时也未对场地进行大规模调整，而是选择将举重比赛这一对场地空间尺度要求相对不高的项目安排于此。

6.3.4　基于节能背景下的可持续设计策略

建筑节能是建筑生态可持续发展的重要内容，也是降低建筑运营成本、提升建筑价值的重要措施。体育场馆节能潜力巨大，除了采用围护结构节能技术、绿色照明技术、暖通空调系统节能技术、可再生能源利用等节能技术措施外，通过以"被动式节能技术"为重点的建筑设计策略实现节能目标，也是大型体育建筑可持续设计的发展方向。基于节能背景下的大型体育建筑设计策略主要包括以下四点。

（1）建筑平面布局策略

在建筑设计中，可通过合理的平面布局策略，实现良好的节能效果，具体做法有以下几点：①总平面布局考虑基地和周边整体环境，注重微环境和微气候对建筑节能的影响；②以集约性为原则，考虑建筑空间的多功能综合利用，通过多功能组合设计和复合设计，降低建筑能耗；③注重建筑的朝向和体形、窗墙比，避免不利于建筑节能的建筑体形，减少不利朝向和保温隔热的薄弱环节，从建筑布局上改善建筑的热工性能；④在满足使用功能的前提下，平面布局考虑有利于日常运营分区和管理，便于照明、空调等系统的分区控制，实现节能目标；⑤通过合理的平面布局，尽量减少看台下完全依赖机械通风、空调和人工照明的"黑房间"，降低功能用房的建筑能耗。

（2）自然通风采光策略

通过自然采光和自然通风策略来降低建筑能耗，在满足赛时功能的前提下，各类功能空间尽量实现自然通风采光。建筑布局充分考虑夏季主导风向，采用横向贯通和竖向下进上出等方式，通过合理的气流组织达到良好的自然通风效果。通过透光膜结构、采光顶、天窗、高侧窗等，配合以其他辅助手段实现比赛大厅的自然通风采光，满足体育场地多功能使用要求，降低日常运营能耗。例如场馆平时主要针对训练和全民健身使用，对室内光环境和热工环境的要求比较低，部分场馆增加了一排人工开启的天窗，实现了大部分赛后的自然通风和采光，改善室内的光环境，避免了沉闷昏暗的气氛，节约了能源；在赛时利用遮阳帘布遮盖，不影响比赛对眩光的要求（图6-42）。

（3）空间容积控制策略

比赛大厅的空间容积是影响大型体育建筑能耗的重要因素，以集约性为原则，在满足比赛场地尺寸、净空高度，以及观众席规模、声环境等要求前提下，合理控制比赛大厅空间容积，降低建筑能耗。

（4）建筑立面及外遮阳设计策略

大型体育建筑外表面积大，建筑立面及外遮阳设计对于提升整体围护结构热工性能非常重要。建筑立面设计需要从节能角度，结合当地气候条件，合理确定门窗幕墙形式、比例、位置、保温构造和技术措施。结合立面设计设置建筑外遮阳，可以有效减少阳光辐射，改善室内光热环境，同时可以丰富建筑立面效果。大型体育建筑节能的主要目标是消耗尽量少的能源和资源，给环境和生态带来最小的影响，同时为使用者提供健康舒适的建筑环境。在设计和建设过程中采用有效的建筑设计策略，应用建筑节能技术，选用建筑节能材料和工艺，执行建筑节能标准，能够以较小的建筑造价增加带来长期、收益巨大的节能效果，是实现大型体育建筑节能目标、进而促进大型体育建筑可持续发展的重要手段。

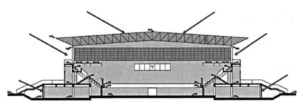

交通学院高窗+侧窗通风采光示意图

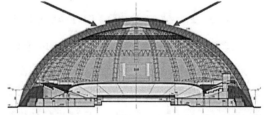

射击运动管理中心自行车场馆高窗通风采光面示意图

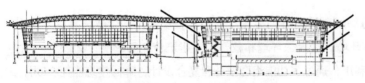

历城体育中心体育馆侧窗通风采光示意图

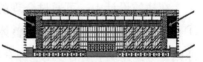

皇亭体育馆侧窗通风采光示意图

图6-42 场馆采光通风分析

6.3.5　基于高效运营背景下的可持续设计策略

第十一届全运会济南20个场馆归属不同的业主单位，日常使用各具特点。全运会结束后，举办演艺活动和开展全民健身活动，成为大型体育场馆的日常重要功能。根据济南市演出协会资料，济南市22家营业性演出场所中包括济南奥体中心体育场、济南奥体中心体育馆、皇亭体育馆、山东交通学院体育馆、山东省体育中心体育场、山东省体育中心体育馆、章丘体育馆、历城体育中心体育场、历城体育中心体育馆等9个第十一届全运会比赛场馆。2014年，这9个大型场馆实现演出收入占济南市全年演出收入的65%。

（1）需求导向策略

场馆为适应社会发展和消费习惯变化趋势，以需求为导向，配置多种类型的设施和服务项目，吸引消费人群更长时间的逗留。济南市域全运会比赛场馆主要由各级政府投资为主，还从上级补助、地方自筹、贷款、接受社会赞助和海外华人华侨捐赠以及利用外资等方面筹集建设资金。在山东范围内体育场馆建设闯出了社会办体育的路子，开始改变单纯依靠政府拨款的状况，变无偿为有偿服务，实行综合经营。比如山东交通学院体育馆在全运会后，以校内使用和全民健身为主；山东省体育中心游泳馆在20世纪初承担国家女子游泳队训练任务；山东省射击自行车运动管理中心自行车场馆和射击馆除承担少量竞技体育赛事外，全年大部分时段以保障山东省射击队、自行车队和其他省队辅助训练使用为主，不面向市民开放；皇亭体育馆被皇亭体育小学收编后，供体育小学师生训练、上课为主。

（2）多元发展策略

比赛场馆多元化发展，是指从规划上、功能上结合现代社会发展需求而综合设计的一种形式。多元化发展是体育场馆多种经营在本质上的进步与发展，是在规划与立项的同时，就充分考虑到该区域的城市定位与综合发展，使其自身成为有活力的、多元发展的、能自我良好运转的体系。山东省体育中心建设初期处于我国计划经济时代，场馆建设主要考虑满足举办体育竞赛的使用要求，并未过多考虑多种经营的可能性，功能比较单一。随着市场经济时代的到来，体育场馆为多元化项目经营做了局部改造，但占用了部分体育比赛用房，同时改造由于缺乏合理的规划，经营项目过于强调经济效益而忽略了社会效益和环境效益，导致经营状况十分混乱。为了承办十一运会，体育中心重新升级改造，明确各功能区域的划分，并新建一些场馆设施和配套，逐步从单一的体育竞赛功能向以体育竞赛为主，结合多种功能配套的经营方向转变。加上精简机构，统一管理，合理开发体育产业项目，形成"以体为本"多种功能混合的经营模式。据齐鲁网2016年1月的数据显示，山东省体育中心2015年首度实现收支平衡，经营收入超过3000万元，体育本体产业收入接近60%。

（3）有效利用策略

有效利用包括时间和空间的有效利用。一方面，合理安排经营时间，有序组织各类活动，增加场馆的开放时间和使用效率。另一方面，最大限度地利用场馆各类功能空间，包括场地、看台和功能用房。体育场馆观众座位多，座位下空间大，各类功能用房在总建筑面积中占比高，需要通过赛时赛后转换，实现多功能使用，最大限度利用场馆空间。

6.4 赛后可持续指引研究

6.4.1 建立评价模型

体育建筑研究成果对赛后研究较少，本节构建的体育场馆赛后利用综合评价模型依托使用后评价进行，因此使用后评价与赛后利用研究密不可分，基于使用后评价相关理论建立科学合理的体育场馆赛后利用评价模型。

（1）研究目的

目的是从使用者的角度出发，对体育场馆非赛时的使用状况进行研究，以期建立一个合理的赛后利用评价指标模型，通过定量的数据及统计学的相关知识，获得使用者对平时使用过程中体育馆空间、功能、舒适度等方面的准确客观的反馈，寻找体育馆赛后利用现状的成功经验和存在问题。以第十一届全运会比赛场馆为例，发现在赛后利用上存在的问题，以实证研究丰富此类空间的信息数据，为今后同类型建筑的设计工作提供一定的参考意见。本书的使用后评价研究主要针对场馆赛后功能使用、建筑节能、运营管理这三个大项，建立五个准则层进行评价。近年来，使用后评价[①]在大量型建筑，如住宅楼、商业楼、办公楼等功能建筑中都有所尝试，而这套方法在体育馆等大型公共建筑的研究中应用不多，此次研究希望对大型公共建筑的使用后评价研究方向的开展起到一定借鉴作用。

（2）评价步骤

①通过问卷调查的方式和里克特量表，探讨第十一届全运会济南赛区体育场馆当前利用的情况，寻求影响济南赛区体育场馆建筑的赛后利用评价因素，初步提取影响赛后利用因素指数和相关评价因素的重要程度排序。

②考察研究对象的赛后再利用的程度和水平，获得关于使用者的评价，寻求评价的因素集。选取第十一届全运会济南赛区两个体育场馆的赛后利用情况作横向比较，并利用统计学的数据分析方法，验证所提取的各个评价因素与总体赛后利用状况是否存在正的线性相关关系。

③利用层次分析法和统计学的数据分析方法，建立第十一届全运会济南赛区体育场馆赛后利用综合评价指标体系，对各个评价层次的评价因子构造判断矩阵，通过EXCEL软件运算求得各因素的权向量，从而对末级层次上的因子进行总排序。构建赛后利用评价模型和相应的因子权重，为建立评价因素集提供客观依据。

④积累原始数据，为进一步提出体育场馆赛后利用设计导则寻求依据，从而为体育建筑的设计提供有关设计依据和合理建议。

（3）评价要素的构建和调查问卷的设计

1）设计问卷

根据文献资料研究，本研究拟从以下五个一级指标考察市民对体育场馆赛后场馆利用情况的评价：①使用感受，包括外观造型满意度、座椅舒适性、视线清晰感、交通可达性、疏散安全感、空

---

① 中国大百科全书（建筑园林城市规划）［M］. 北京：中国大百科全书出版社，2004.

间舒适度等；②环境物理舒适度，包括湿度、温度、光线舒适度、照明亮度、声音清晰度、通风等；③空间再利用，包括体育场地再利用的合理性、看台下空间利用的合理性、一般空间利用的合理性、周边空间的优化等；④经营管理，包括价格满意度、服务态度、清洁度、经费自给能力等，功能设施的齐全、使用方便性和人体工学的合理性等；⑤使用频率，包括运动竞赛、运动训练、集会活动、群众体育等。采用语义差异量表设计调查问卷。

2）数据采集

问卷的派发主要通过两种方式进行。一是借助山东建筑大学学生干部组织在校的2015级建筑学大三学生集体到皇亭体育馆调研做本科阶段设计时发放并填写问卷；二是得到了济南奥体中心体育馆管理方的大力配合，由他们的客户服务部在演出中场休息时派发问卷，并在演出结束后协助回收。两种派发方式同时进行，派发数量基本一样，对于出现漏填、不清晰、非逻辑等情况，研究者采用问卷追踪的方式加以跟进，保证问卷的质量和数量，提高研究的信度和效度。

3）调查结果的统计与分析

评价主体主要是山东建筑大学2015级建筑学大三本科生和随机抽样的观众。其中，男性60名，女性68名，回收率为94.29%，有效率为91.42%（表6-1）。

评价主体背景信息　　　　　　　　　　　　表6-1

评价对象	问卷份数			评价主体背景		
	派出问卷	回收问卷	有效问卷	男	女	备注
皇亭体育馆	60	60	60	26	34	建筑学大三本科生
奥体中心体育馆	80	72	68	34	34	
总计	140	132	128	60	68	

4）均值分析及单因素方差分析

以不同体育馆作为自变量作均值分析，结果表明，皇亭体育馆和济南奥体中心体育馆的总体得分为1.14和1.32，评价为"较好"。24个评价因素得分的平均值与总体得分（皇亭体育馆数据为1.07和1.14；济南奥体中心体育馆为1.35和1.32）很接近（表6-2、图6-43），表明总得分较为准确地反映了各评价因素得分情况。

皇亭体育馆的数据显示，在环境物理舒适度方面，除了"B5声音清晰度"以外，其余各项的得分都在1.0上下浮动，表明观众对皇亭体育馆的舒适性评价因子的评分均为"良好"。皇亭体育馆建成历史较长，虽历经多次优化升级，但场馆内的建筑隔声设计仍为薄弱环节，人在场馆内打球极易受到辅助空间中俱乐部学生嘈杂声的打扰，因此该项得分仅为"一般"是可以理解。总体而言，环境物理舒适度和使用频率的因子评分较高，而使用感受因子的评分则相对较低。

均值分析及单因素方差分析数据 表6-2

具体评价要素	平均值		单因素方差分析	
	皇亭体育馆	济南奥体中心体育馆	F值	Sig.
A1外观造型满意度	0.76	1.42	0.266	0.607
A2座椅舒适性	0.72	1.03	0.853	0.360
A3视线清晰感	0.86	1.39	5.871	0.019
A4交通可达性	1.21	1.42	0.927	0.340
A5疏散安全感	0.97	0.90	0.053	0.819
A6空间舒适度	0.79	1.23	2.535	0.117
B1湿度	1.24	1.23	0.004	0.952
B2温度	1.00	1.61	7.894	0.007
B3光线舒适度	1.48	1.42	0.100	0.752
B4照明亮度	1.45	1.26	0.950	0.334
B5声音清晰度	0.45	1.52	18.220	0.000
B6通风	0.93	1.35	3.324	0.073
C1体育场地再利用合理性	1.38	1.48	0.359	0.551
C2看台下空间利用合理性	1.10	1.29	0.618	0.435
C3一般空间利用合理性	0.90	1.29	2.447	0.123
C4周边空间优化	1.28	1.42	0.359	0.532
D1价格满意度	1.14	1.35	1.061	0.307
D2服务态度	1.02	1.28	1.463	0.231
D3清洁度	1.00	1.32	1.593	0.212
D4经费自给能力	1.31	1.55	2.062	0.156
E1运动竞赛	1.45	1.52	0.138	0.711
E2运动训练	1.28	1.45	0.647	0.424
E3集会活动	0.86	1.16	1.185	0.281
E4群众体育	1.1	1.48	2.032	0.159
A1~E4群众体育平均值	1.07	1.35	—	—
总体环境评价	1.14	1.32	1.333	0.253

注 F为方差，sig. 为显著性

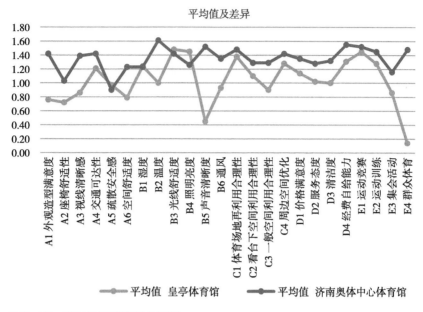

图6-43　不同体育馆变量分析图

　　济南奥体中心体育馆的调查数据表明，除了"A5疏散安全感"以外，其余23项及总体评价的得分都在1.00以上，表明观众对奥体中心体育馆的舒适性评价为"较好"，并偏向"很好"的区域。其中，"B2温度""B5声音清晰度""D4经费自给能力"和"E1运动竞赛"四项得分高于1.50，落在"很好"的范围内。奥体中心体育馆与奥体中心体育场、网球馆、游泳馆联系紧密，"一场三馆"占地较大，出入口设置较为分散，部分市民表示这种规划布局若遇到突发事件，容易让人无所适从；也有市民表示看台区域疏散楼梯较狭窄，容易引起踩踏事件，因此"A5疏散安全感"评分低于其他因素。总体而言，奥体中心体育馆的赛后利用情况是令人相当满意的。

　　以不同体育馆为控制变量进行单因素方差分析，结果表明，在0.05置信水平下，不同体育场在A3视线清晰感、B2温度和B5声音清晰度的评分有显著性差异；在0.01置信水平下，不同体育场在B2温度和B5声音清晰度的评分有显著性差异。总体而言，不同体育建筑在赛后利用方面的评价无明显差异（表6-3）。

体育馆相关分析结果表　　　　　　　　　　　　　　　　　表6-3

具体评价要素	皇亭体育馆		奥体中心体育馆	
	r	Sig.	r	Sig.
A1外观造型满意度	0.278	0.144	0.572**	0.001
A2座椅舒适性	−0.124	0.520	0.603**	0.000
A3视线清晰感	0.162	0.400	0.362*	0.046
A4交通可达性	0.377*	0.045	0.458**	0.011

续表

具体评价要素	皇亭体育馆		奥体中心体育馆	
	r	Sig.	r	Sig.
A5疏散安全感	0.376*	0.041	0.456*	0.008
A6空间舒适度	0.378*	0.043	0.870**	0.000
B1湿度	0.137	0.478	0.581**	0.001
B2温度	−0.146	0.449	0.481**	0.006
B3光线舒适度	0.380*	0.042	0.492**	0.005
B4照明亮度	0.323	0.087	0.620**	0.000
B5声音清晰度	0.066	0.732	0.718**	0.000
B6通风	0.128	0.508	0.578**	0.001
C1体育场地再利用合理性	0.566**	0.001	0.658**	0.000
C看台下空间利用合理性	0.324	0.086	0.328*	0.071
C3一般空间利用合理性	0.278	0.144	0.672**	0.000
C4周边空间优化	0.164	0.395	0.530**	0.002
D1价格满意度	−0.174	0.366	0.578**	0.001
D2服务态度	0.111	0.565	0.658**	0.000
D3清洁度	0.166	0.389	0.621**	0.000
D4经费自给能力	0.243	0.205	0.541**	0.002
E1运动竞赛	0.050	0.798	0.315*	0.084
E2运动训练	0.084	0.667	0.606**	0.000
E3集会活动	0.304	0.108	0.625**	0.000
E4群众体育	0.340	0.071	0.389*	0.031

注：r 表示斯皮尔曼（Spearman）相关系数；** 表示显著性水平<0.01；* 表示显著性水平<0.05。

6.4.2 体育场馆赛后利用综合评价指标体系的构建

体育建筑具有多目标性和多层次性的特点，因此本书选取了较为常用的层次分析法（AHP）进行评价体系建构。根据先导性研究所得的体育场馆因素影响因子建立评价因素的递阶层次结构模型：以体育场馆赛后利用综合评价体系为目标层；与目标层直接关联的评价因素归结为5大类，作为准则层；隶属各准则层的具体评价因素则构成方案层。每一个具体评价因素对上一层评价因素的综合评价作出贡献，从而建立起两级层次分析体系（表6-4，图6-44）。

体育场馆赛后利用综合评价指标体系的递阶层次结构模型　　表6-4

目标层（T）	准则层（X1）	子准则层（X2）
体育场馆赛后利用综合指标体系	A使用感受	A1外观造型满意度
		A2座椅舒适性
		A3视线清晰感
		A4交通可达性
		A5疏散安全感
		A6空间舒适度
	B环境物理舒适度	B1湿度
		B2温度
		B3光线舒适度
		B4照明亮度
		B5声音清晰度
		B6通风
	C空间再利用	C1体育场地再利用合理性
		C2看台下空间利用合理性
		C3一般空间利用合理性
		C4周边空间优化
	D经营管理	D1价格满意度
		D2服务态度
		D3清洁度
		D4经费自给能力
	E使用频率	E1运动竞赛
		E2运动训练
		E3集会活动
		E4群众体育

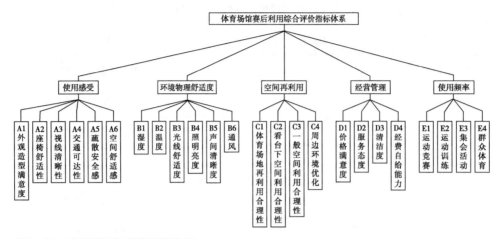

图6-44　赛后利用评价模型结构图

6.4.3　综合得分分析

体育场馆赛后利用的综合评价指标体系分为使用感受、环境物理舒适度、空间再利用、经营管理、使用频率五个准则层。其中使用感受准则层包括了六个子准则层因子，环境物理舒适度也包括六个因子，其余三个准则层各设置了四个子准则层因子。作者在理论阐述基础上，采用AHP进行体育场馆赛后利用评价指标体系建立的基本思路，把体育场馆赛后利用评价看作一个大系统，通过对系统多个因素的分析，划出各因素间相互联系的有序层次；再请专家对每一层次的各因素进行较为客观的两两比较判断后，通过复杂的数学计算，得出各因子定量的权重数值，并加以排序；最后根据排序结果建立起的指标模型可套入各个场馆的相应数据进行计算，得出数值可直观地看出哪个体育场馆赛后利用做得更好。本书主要利用层次分析法解决以下几个问题：一是求取体育场馆指标权重，建立评价模型，二是利用模型对下一步研究对象进行综合得分计算，检验评价结果与前一阶段研究的一致性；三是对指标得分情况进行分析，全面考察对象，实现不同体育场馆数据的横向比较，从而能更客观地评价各样本的使用情况，揭示存在的不足；最后根据结果进行模糊综合评价。

6.4.4　模型实例——济南市奥体中心

6.4.4.1　济南奥体中心赛后利用满意度评价

调查表采用李克特量表的结构，还设计了自由回答意见栏，可让被调查者自由评价，以弥补封闭式评价项目的局限。统计现场调研发放的满意度问卷信息，得出使用者对各指标的满意度百分比。采用spss 22对问卷结果进行克伦巴赫（Cronbach）信度检验，得到克伦巴赫（Cronbach）信度系数为0.853，问卷可信度较高（表6-5）。

济南奥体中心体育场馆赛后利用总体满意度百分比　　　　　表6-5

评价指标	评价人次百分比					
	很满意（V1）	比较满意（V2）	一般（V3）	较不满意（V4）	很不满意（V5）	小计
A1外观造型满意度	0.3333	0.4138	0.2529	0.0000	0.0000	1
A2座椅舒适性	0.2874	0.4253	0.2414	0.0460	0.0000	1
A3视线清晰感	0.2759	0.5057	0.2184	0.0000	0.0000	1
A4交通可达性	0.1724	0.3333	0.4023	0.0805	0.0115	1
A5疏散安全感	0.3678	0.5172	0.1149	0.0000	0.0000	1
A6空间舒适度	0.0000	0.1379	0.5747	0.2184	0.0690	1
B1湿度	0.1494	0.4598	0.3563	0.0345	0.0000	1
B2温度	0.2759	0.4253	0.2644	0.0345	0.0000	1
B3光线舒适度	0.2184	0.4483	0.2759	0.0575	0.0000	1
B4照明亮度	0.5287	0.3563	0.1149	0.0000	0.0000	1
B5声音清晰度	0.3448	0.3793	0.2759	0.0000	0.0000	1
B6通风	0.2414	0.5632	0.1954	0.0000	0.0000	1
C1体育场地再利用合理性	0.4713	0.3678	0.1609	0.0000	0.0000	1
C2看台下空间利用合理性	0.3563	0.4023	0.2414	0.0000	0.0000	1
C3一般空间利用合理性	0.2989	0.4023	0.2989	0.0000	0.0000	1
C4周边空间优化	0.2874	0.4483	0.2299	0.0345	0.0000	1
D1价格满意度	0.1839	0.2874	0.4368	0.0690	0.0230	1
D2服务态度	0.1724	0.3103	0.4253	0.0920	0.0000	1
D3清洁度	0.1494	0.3563	0.4368	0.0575	0.0000	1
D4经费自给能力	0.1954	0.4598	0.3103	0.0345	0.0000	1
E1运动竞赛	0.2299	0.3333	0.3793	0.0575	0.0000	1
E2运动训练	0.2184	0.2874	0.4138	0.0460	0.0345	1
E3集会活动	0.2644	0.4828	0.2529	0.0000	0.0000	1
E4群众体育	0.3103	0.3908	0.2644	0.0345	0.0000	1

根据满意度评价结果模型，利用excel计算出各指标的满意度得分（表6-6、图6-45）；

济南奥体中心体育场馆赛后利用总体满意度得分统计表　　　表6-6

目标层（T）	得分	准则层（X1）	得分	子准则层（X2）	得分	排序
济南奥体中心体育场馆使用后满意度	3.851	A使用感受	3.988	A1外观造型满意度	4.080	5
				A2座椅舒适性	3.954	13
				A3视线清晰感	4.057	7
				A4交通可达性	3.575	21
				A5疏散安全感	4.253	3
				A6空间舒适度	4.011	9
		B环境物理舒适度	4.004	B1湿度	3.724	18
				B2温度	3.943	14
				B3光线舒适度	3.828	15
				B4照明亮度	4.414	1
				B5声音清晰度	4.069	6
				B6通风	4.046	8
		C空间再利用	4.105	C1体育场地再利用合理性	4.310	2
				C2看台下空间利用合理性	4.115	4
				C3一般空间利用合理性	4.000	10
				C4周边空间优化	3.989	11
		D经营管理	3.371	D1价格满意度	3.540	23
				D2服务态度	3.563	22
				D3清洁度	3.598	20
				D4经费自给能力	2.782	24
		E使用频率	3.785	E1运动竞赛	3.736	17
				E2运动训练	3.609	19
				E3集会活动	3.816	16
				E4群众体育	3.977	12
		总计			92.989	
		均值			3.875	

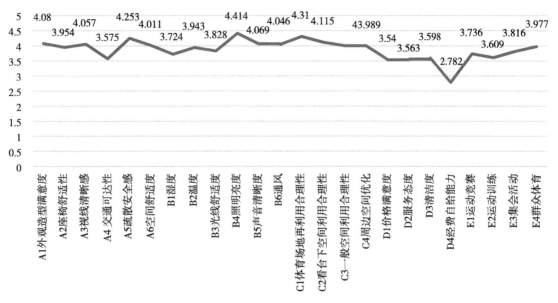

图6-45　济南奥体中心体育场馆赛后利用总体满意度分布图

上述结果表明，使用者对奥体中心使用后总体满意度得分为3.875，说明使用者对奥体中心目前的利用现状满意度较高。准则层（X1）除了D经营管理得分在3.500分以下，其余四项得分集中在3.500～4.500之间，隶属于较好级别，得分高低依次为：C空间再利用（4.105）＞B环境物理舒适度（4.004）＞A使用感受（3.988）＞E使用频率（3.785）＞D经营管理（3.371）。其中空间再利用、环境物理舒适度、使用感受的满意度得分均高于综合得分，且分值差异不大。

除了D4经费自给能力以外的其余23项子准则层指标得分都处于3.500～4.500之间，而且其中10项指标的得分值高于或等于4.000。D4经费自给能力得分则远远低于其他指标，仅有2.782。满意度得分最高的5项指标为：B4照明亮度（4.414）＞C1体育场地再利用合理性（4.310）＞A5疏散安全感（4.253）＞C2看台下空间利用合理性（4.115）＞A1外观造型满意度（4.080）。5项指标中有2项指标隶属于空间再利用准则层指标和使用感受准则层指标，说明使用者对奥体中心空间再利用和使用感受较为满意。使用者的满意度得分最低的5项指标分别为：D4经费自给能力（2.782）＜D1价格满意度（3.540）＜D2服务态度（3.563）＜A4交通可达性（3.575）＜D3清洁度（3.598）。而5项指标中有4项指标隶属于经营管理准则层，说明使用者认为奥体中心的经营管理做得不够好，还有很大的进步空间。

调研时间主要在春末夏初，济南天气干燥多风沙，阳光刺眼，游客长期暴露在阳光下会感到不适，因而对交通可达性的需求较其他季节更为强烈与迫切，而奥体中心由于场地巨大，标识不明显，一场三馆东西分区过远，导致使用者对这一项评分较低。其次使用者在填写问卷中也对D4场馆经费自给能力这一项颇有微词，认为济南奥体中心场馆建设既然是省政府全额拨款，如今每年还要用纳税人的钱补贴场馆运营，那么为什么场馆对市民还不能做到完全开放，这也带出了使用者对D1价格满意度的不满。D3清洁度是后期改进较容易克服的，使用者对场馆内工作人员的服务态度普遍表示不满，表示服务人员普遍没有服务精神，傲慢懒散，这可能与济南奥体中心还是体育局下属单位性质有关。目前来说对奥体中心总体使用情况评价较好，下一步需要将各个场馆分别进行满意度评价，深入发现场馆利用问题。

6.4.4.2 济南奥体中心赛后利用指标体系总体得分分析

体育场馆赛后利用综合评价指标体系权重见表6-7。

体育场馆赛后利用综合评价指标体系权重 表6-7

目标层（T）	准则层（X1）	权重（%）	子准则层（X2）		权重（%）
			评价因素	权重（%）	
体育场馆赛后利用综合指标体系	A使用感受	12.44	A1外观造型满意度	8.12	0.76
			A2座椅舒适性	42.61	5.30
			A3视线清晰感	11.06	1.38
			A4交通可达性	9.66	1.20
			A5疏散安全感	11.04	1.37
			A6空间舒适度	19.51	2.43
	B环境物理舒适度	28.16	B1湿度	13.88	3.63
			B2温度	13.88	3.63
			B3光线舒适度	33.12	8.66
			B4照明亮度	20.04	5.24
			B5声音清晰度	4.85	1.27
			B6通风	14.23	3.72
	C空间再利用	41.56	C1体育场地再利用合理性	55.15	22.92
			C2看台下空间利用合理性	23.34	9.70
			C3一般空间利用合理性	12.71	5.28
			C4周边空间优化	8.80	3.66
	D经营管理	13.99	D1价格满意度	58.18	7.86
			D2服务态度	21.66	3.03
			D3清洁度	12.98	1.82
			D4经费自给能力	9.18	1.29
	E使用频率	5.85	E1运动竞赛	54.50	3.19
			E2运动训练	9.01	0.53
			E3集会活动	13.23	0.77
			E4群众体育	23.26	1.36
		100			100

将奥体中心总体满意度的各个子准则层得分与各自权重相乘，所得值如表6-8、图6-46。

济南奥体中心赛后利用总体综合评价得分 表6-8

目标层T	准则层X1	子准则层X2	满意度得分	权重（%）	最终得分	排序
济南奥体中心体育场馆赛后利用总体综合评价得分	A使用感受	A1外观造型满意度	4.080	0.76	0.031	22
		A2座椅舒适性	3.954	5.30	0.210	7
		A3视线清晰感	4.057	1.38	0.056	17
		A4交通可达性	3.575	1.20	0.043	20
		A5疏散安全感	4.253	1.37	0.058	16
		A6空间舒适度	4.011	2.43	0.097	14
	B环境物理舒适度	B1湿度	3.724	3.63	0.135	11
		B2温度	3.943	3.63	0.143	10
		B3光线舒适度	3.828	8.66	0.332	3
		B4照明亮度	4.414	5.24	0.231	5
		B5声音清晰度	4.069	1.27	0.052	19
		B6通风	4.046	3.72	0.151	8
	C空间再利用	C1体育场地再利用合理性	4.310	22.92	0.988	1
		C2看台下空间利用合理性	4.115	9.70	0.399	2
		C3一般空间利用合理性	4.000	5.28	0.211	6
		C4周边空间优化	3.989	3.66	0.146	9
	D经营管理	D1价格满意度	3.540	7.86	0.278	4
		D2服务态度	3.563	3.03	0.108	13
		D3清洁度	3.598	1.82	0.065	15
		D4经费自给能力	2.782	1.29	0.036	21
	E使用频率	E1运动竞赛	3.736	3.19	0.119	12
		E2运动训练	3.609	0.53	0.019	24
		E3集会活动	3.816	0.77	0.029	23
		E4群众体育	3.977	1.36	0.054	18
	总计		92.989	100	3.992	
	均值		3.875		0.166	

由表6-8可知，济南奥体中心体育场馆总体利用情况得分为3.992分，均值为0.166分。

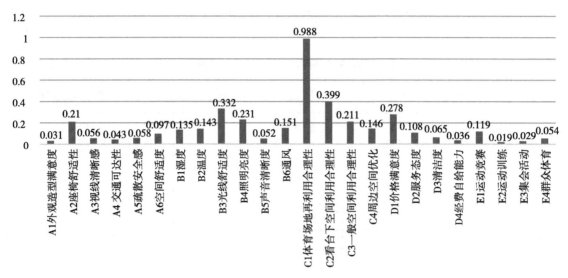

图6-46　济南奥体中心体育场馆赛后利用总体综合得分分值分布图

6.4.4.3　济南奥体中心体育场馆总体IPA分析

以评价因子的重要性（用指标的权重值（图6-47）代替）为横轴，使用者的满意度（图6-48）为纵轴，表6-8算出的指标的权重均值（0.166）和使用者满意度得分的平均值（3.875）为参考分界线，绘制出济南奥体中心赛后利用重要性—满意度IPA分析图。

第Ⅰ象限——高重要性且高满意度区。分析结果表明，准则层B环境物理舒适度指标以及C空间再利用指标落在此区域，而落在此象限的子准则层指标仅有C1体育场地再利用合理性，这个指标是至关重要且满意度较高的影响因素。

第Ⅱ象限——低重要性但高满意意区。调查结果显示，就准则层指标而言，A使用感受指标在场馆赛后利用评价体系构建中不算重要，使用者在这一项感知敏感度虽较低，但现状满意度较高。落在此象限的子准则层指标有：A1外观造型满意度、A2座椅舒适性、A3视线清晰感、A5疏散安全感、A6空间舒适度、B2温度、B4照明亮度、B5声音清晰度、B6通风、C2看台下空间利用合理性、C3一般空间利用合理性、C4周边空间优化、E4群众体育等13项指标的游客满意度较高，说明奥体中心在这些方面的建设较好。

第Ⅲ象限——低重要性、低满意度区。落在此象限的准则层指标D经营管理和E使用频率对场馆赛后利用满意度评价影响较小，其实际满意度得分也低。A4交通可达性、B1湿度、B3光线舒适度、D1价格满意度、D2服务态度、D3清洁度、E1运动竞赛、E2运动训练、E3集会活动等分布在此区域的子准则层指标对场馆赛后利用的满意度评价影响较小，使用者满意度评价也较低，后期需要继续改进，但应避免一次性集中投入大量精力造成浪费。

第Ⅳ象限——高重要性但低满意区。落入这一象限表明存在拉低公园整体满意度的最关键因素，应给予重点关注，需要根据具体情况改善相关内容，提高公园的整体满意度。本次评价没有指标落在此象限。

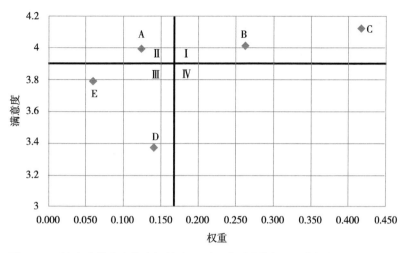

图6-47　济南奥体中心体育场馆赛后利用准则层指标IPA分析图

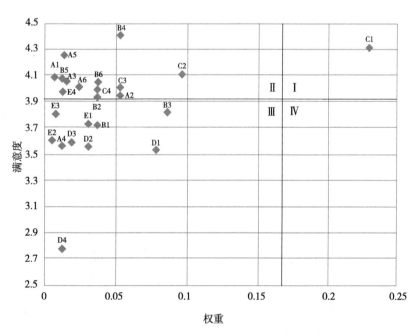

图6-48　济南奥体中心体育场馆赛后利用子准则层指标IPA分析图

　　综合分析可知，子准则层指标只有一项指标重要性较高，其余指标均属于重要性低区域，而分别处于满意度高低区域的指标个数比例为7∶5。子准则层指标主要集中在重要性比较低的第Ⅱ、Ⅲ象限，约占总指标的23/24，说明绝大多数的指标低于平均权重值，而且重要区的指标权重值远远高于不重要区。就满意度而言，位于第Ⅰ、Ⅱ象限高满意度区与第Ⅲ、Ⅳ象限低满意度区的指标近乎持平，说明后期仍存在较大的改进空间。

6.4.4.4 "一场三馆"相关数据结果

由表6-9数据可知奥体中心整体满意度评价和奥体中心体育场、体育馆、游泳馆、网球馆各自满意度评价均值分别为经过赛后利用评价3.875、3.258、3.293、3.343、3.140，满意度结果显示总体满意度＞游泳馆满意度＞体育馆满意度＞体育场满意度＞网球馆满意度；而经过赛后利用评价模型计算出来的数值分别为3.992、3.260、3.277、3.336、3.088，结果显示总体得分＞游泳馆得分＞体育馆得分＞体育场得分＞网球馆得分，两者评价结果相同。

6.4.4.5 赛后利用满意度评价与赛后利用指标评价体系

济南奥体中心各个场馆满意度标准差　　　　　　　表6-9

子准则层（X2）	奥体中心整体	体育场	体育馆	游泳馆	网球馆	标准差
A1外观造型满意度	4.080	4.180	3.880	4.280	3.280	0.397
A2座椅舒适性	3.954	3.954	3.854	3.754	2.754	0.510
A3视线清晰感	4.057	3.857	3.957	4.057	3.057	0.422
A4交通可达性	3.575	3.175	3.275	3.775	2.775	0.385
A5疏散安全感	4.253	3.253	3.353	3.553	3.453	0.396
A6空间舒适度	4.011	3.011	3.101	3.701	3.201	0.431
B1湿度	3.724	2.924	3.224	2.924	3.224	0.327
B2温度	3.943	2.743	3.143	3.243	3.343	0.434
B3光线舒适度	3.828	2.828	3.328	3.528	3.728	0.396
B4照明亮度	4.414	3.414	3.314	3.414	3.424	0.459
B5声音清晰度	4.069	3.069	3.169	3.269	3.289	0.399
B6通风	4.046	4.246	3.046	2.746	2.246	0.856
C1体育场地再利用合理性	4.310	3.310	3.210	3.510	3.010	0.503
C2看台下空间利用合理性	4.115	3.115	3.315	3.115	3.015	0.449
C3一般空间利用合理性	4.000	4.000	3.702	3.402	3.002	0.426
C4周边空间优化	3.989	3.989	3.889	3.789	3.589	0.167
D1价格满意度	3.540	2.540	2.640	2.940	2.545	0.423
D2服务态度	3.563	2.563	2.663	2.763	2.863	0.396
D3清洁度	3.598	2.498	2.598	3.198	2.298	0.541

续表

子准则层（X2）	奥体中心整体	体育场	体育馆	游泳馆	网球馆	标准差
D4经费自给能力	2.782	2.782	2.682	2.982	3.382	0.279
E1运动竞赛	3.736	3.936	3.976	2.476	3.476	0.616
E2运动训练	3.609	2.609	2.809	2.009	2.609	0.576
E3集会活动	3.816	2.816	3.216	3.216	4.216	0.555
E4群众体育	3.977	3.377	3.677	4.577	3.577	0.467
总计	92.989	78.189	79.021	80.221	75.356	
均值	3.875	3.258	3.293	3.343	3.140	

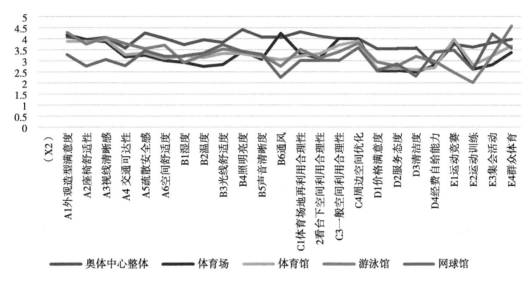

图6-49　济南奥体中心各个场馆满意度分布比较图

　　标准差越小越稳定，其获得指标的数据越可靠。由表6-9可知济南奥体中心总体满意度及一场三馆满意度标准差处于0.167～0.856之间，B6通风、C1体育场地再利用合理性、D3清洁度、E1运动竞赛、E2运动训练、E3集会活动这六项标准差高于0.5，排除操作及其他因素，说明通过满意度评价体系获得数据无法很好地避免数据的误差性和真实性。为更好地验证这一结论，对济南奥体中心总体满意度及一场三馆满意度以场馆名称和性别为变量做单因素方差分析。以赛后利用满意度所得的数据为基础，再以场馆名称和性别为变量进行单因素方差分析和相关性分析，从分析数据得知，在95%置信水平下，以性别为变量时，奥体中心及"一场三馆"数据差异比以场馆名称为变量的小。说明以性别为变量的统计数据较稳定。相关性方面除了A1外观造型满意度、A3视线清晰感、A6空间舒适度、B3光线舒适度、B4照明亮度、C1体育场地再利用合理性以及C2看台下空间利用合理性这七项指标相关性较强以外，其余指标相关性较弱。说明以满意度评价作为分析的基础数据，其结果并不具有完全的说服力。

以经过加权后的赛后利用评价体系所得的数据为基础，再以场馆名称和性别为变量进行单因素方差分析和相关性分析。从分析数据可以看出，在95%置信水平下，以场馆名称和性别为变量时，奥体中心及其"一场三馆"显著性差异数值分别较以满意度为基础数据所得的单因素方差大，说明数据较齐，较稳定，经赛后利用评价指标体系加权后的数据比只用满意度作为评价数据的可信力高。在95%置信水平下，以场馆名称为变量时，A6、D1、D2、E1、E2、A6这六项有显著性差异，说明使用者对不同场馆的空间舒适度、价格满意度、服务态度、运动竞赛、运动训练这六项因素评价存在差异。在98%置信水平下，以性别为变量时，B3、B5、B6、D1、E2这五项有显著性差异，说明男性、女性对光线舒适度、声音清晰度、通风、价格满意度、运动训练这六项评价存在差异。相关性方面以场馆名称为变量时，只有A5、B1、B2、C4、D1、D2、E1、E2这八项r值小于0.05，说明不同场馆的疏散安全感、湿度、温度、周边空间优化、价格满意度、服务态度、运动竞赛、运动训练这八项因素相关性较弱，其余指标相关性均较强；以性别为变量时，只有B5、B6、D1、D2、E1、E2这六项r值小于0.05，说明男性、女性给出的问卷评价结果在这六项中，存在较弱的相关性，其余指标相关性均较强。

6.5　本章小结

本章从体育场馆前期策划、设计阶段以及赛后指引三个方面提出体育场馆可持续发展策略。在前期策划阶段着重反思不足之处，在设计阶段阐述基于城市协调发展、功能发展、节能和运营四方面的可持续发展策略，赛后指引主要从实施角度提出体育场馆赛后利用评价模型体系，以期对体育场馆决策、建设、设计及可持续利用具有一定的借鉴作用。

结　语

不同于其他类型的建筑，全运会比赛场馆在投资建设、功能结构、能耗运营、经营管理等多方面具有自身的特殊性。本书以济南市域全运会比赛场馆作为主要研究对象，通过实地调研和国内外资料对比分析，结合创作实践进行了系统的研究与总结，初步得出以下结论：

一、在城市层面剖析了济南市域全运会比赛场馆布局特点和设计关键点，并指出其问题。

第十一届全运会比赛场馆与城市发展相互影响、相互作用，是一种动态、双向的关系。对第十一届全运会比赛场馆着重从发展特征和城市互动关系两个方面研究，将全运会比赛场馆特征归纳为：全省分散化布局，注重分层次统筹配置，注重服务半径的选址规划，注重"利导改造"的理性调控，"以商养体"较为普遍。与城市空间整合强调以互动的视角来研究全运会比赛场馆与城市可持续发展的关系。而比赛场馆的布局选址应考虑其生存、发展的宏观经济地理环境、城市基本格局以及微观地理环境和周边经济、服务、相关产业、居民群体因素等。

（1）济南市域全运会比赛场馆布局选址结合了城市空间发展需求

根据《城市规划原理》中对城市用地的划分，依据济南市域全运会比赛场馆区位关系划分出四种类型：城市中心型场馆、近郊型场馆、城市远郊型场馆以及卫星城独立型场馆。这四种类型各有利弊，城市中心型和近郊型场馆可依托的基础设施较完善，人气较足，建成初期可基本满足居民需求，但随着城市的发展，中心地段地产升值过快，交通压力大，常造成体育场馆自身更新和拓展不便，跟不上城市发展需求。远郊型场馆和卫星城独立型场馆在城市宏观布局上有较强的拓展作用，但人气不足。四种选址应结合考虑，在地理分布上相互呼应，构成一个各司其职、完善、合理的布局结构。

济南市域全运会比赛场馆是开展大型赛事的重要空间场所，是全民健身计划的有力保障，其布局选址结合城市空间发展有利于实现场馆可持续利用。济南市域全运会比赛场馆布局选址采取了与城市休闲公园结合、与文化中心结合、与学校结合、与商业结合、与办公结合的方式。此外还需切实考虑场馆周边道路可承载交通流量，特别是办公建筑，固定上下班人流较大并且下班时间与场馆入场时间冲突较强，对周边路段的畅通有着较大的影响，因此更宜采用将比赛场馆的布局选址与城市休闲公园、文化中心、学校这三类城市空间结合考虑，利于场馆可持续发展。

（2）济南市域全运会比赛场馆总体空间布局与城市发展相契合

体育场馆的总体空间布局是建筑设计中最初始，也是十分关键的一个环节。济南市域全运会比赛场馆总体布局特征可归为三类：单一式布局、集中式布局、自由分散式布局。单一式布局简洁、独立，对城市存量空间的再利用有着积极的意义；集中布局空间围合感更强，这种布局方式有利于缩短各场馆间的流线；自由分散式布局更加灵活，有利于比赛场馆的交通组织。济南市域全运会比赛场馆经历了从城运会到全运会、从单一型到复合型的功能发展历程，是我国体育建筑发展的缩影，其总体空间布局也随着时代的变化发生着改变。本书通过对经历多次大型体育赛事和发展变迁的全运会比赛场馆总体空间布局的分类梳理，可以发现在不同空间布局模式下，整体性是其内在逻辑的共性。这种整体性彰显出了济南市域全运会比赛场馆空间布局与周边环境变化相适应的程度，表明了其在总体空间布局层面较好地契合了城市发展。

二、从建筑单体层面剖析济南市域全运会比赛场馆的建设和使用情况，从功能发展、运营、节能层面总结其可持续发展特征。

选取经历过多次大型体育赛事和建设改造的济南奥体中心、历城体育中心作为案例进行剖析研究。通过实地调研、勘察、绘制图纸和对有关场馆管理者的访谈，呈现自全运会结束后至今十余年间济南市域全运会比赛场馆综合功能实现的基本状况，对其在多功能复合化、赛事功能的转换、观演功能的强化、全民健身功能的强化、与城市功能的融合和对接等方面进行分析和探讨。

（1）功能发展特征

功能发展是研究全运会比赛场馆可持续发展特征的重要方面。全运会比赛场馆功能可持续发展要求主要体现在多功能复合化、赛事功能的转换、观演功能的强化、全民健身功能的强化及与城市功能的融合等方面。济南市域全运会比赛场馆从单一的体育赛事逐步向集赛演、训练、全民健身、休闲娱乐、商业办公等功能一体的复合型体育综合体转变，更多地呈现功能复合化、赛事功能低频化、功能更新加快、使用寿命延续的利用特征。空间演变是全运会比赛场馆功能可持续发展的外在表现，是功能发展在空间上的体现，济南市域全运会比赛场馆功能空间具有体现多元化、注重可生长性、注重因地制宜的特性。

（2）运营特征

济南市域全运会部分比赛场馆引入了演艺活动和全民健身活动，其中有14个场馆对市民全面开放。全运会比赛场馆现状利用各具特点，大型活动、旅游门票和商业经营构成了济南奥体中心的三大主业；山东省体育中心体育馆率先采用市场化运作、篮球比赛训练为主的运营模式；山东省体育局下属场馆普遍以体为主，多元经营；而赛马场综合开发后，偏向集体育、文化、娱乐、商业于一体的体育旅游文化产业园方向发展。总体来说，济南市域全运会比赛场馆中大学场馆运营负担较小，使用频率较高。

（3）节能特征

建筑节能是影响全运会比赛场馆日常运营成本和建筑可持续发展的重要因素，第十一届全运会比赛场馆十分重视节能工作，全运会比赛场馆节能措施的应用引领了山东省建筑节能的发展。由于比赛场馆规模、功能、使用状况不同，很难确定统一标准。针对目前全运会比赛场馆节能潜力大、缺乏能耗标准的情况，建议制订国家标准以更好地指导全运会比赛场馆节能工作。

三、从整体协调和可持续发展的角度出发，提出后全运会时期可持续发展设计策略，并初步建立赛后利用评价模型。

本书从体育场馆前期策划、设计阶段以及赛后指引三个方面提出体育场馆可持续发展策略。反思场馆前期策划阶段的不足，提出基于后全运时期的可持续发展策略，赛后指引主要从实施角度提出体育场馆赛后利用评价模型体系，以期对体育场馆决策、建设、设计及可持续利用具有一定的借鉴作用。

有待进一步研究的问题：

第十一届全运会比赛场馆可持续发展研究是一个庞大的课题，涉及面宽泛且广，本书尝试以济南市域全运会比赛场馆作为重点研究对象，但由于客观条件限制，与城市发展关系的研究侧重于文献资料研究。功能可持续发展案例研究重点选取了济南辖区全运会比赛场馆的案例，难以涵盖第十一届全运会全部比赛场馆。在已有研究的基础上，有待进一步研究的问题包括：

1. 全运会比赛场馆能耗标准研究。本书对济南全运会个别体育场馆日常运营能耗情况进行了初步研究，关于大型体育建筑能耗标准，还有待基于不同地域、不同类型、不同规模的场馆调研，进一步深入研究。

2. 体育建筑赛后利用指标体系的完善。对已建成的体育场馆，需要通过系统的使用后评价方法对其利用和运营状况进行持续的跟踪研究，不断从反馈中发现问题和总结经验，才有可能使设计研究更贴近国情，体现地域性，真正实现可持续目标。

参考文献

（1）学术期刊文献

[1] 孙一民. 回归基本点：体育建筑设计的理性原则 [J]. 建筑学报，2007（12）：26-31.

[2] 魏治平，梅季魁，黎晗. 大型体育场馆看台口部设计研究 [J]. 建筑学报，2014（2）：111-114.

[3] 李昊炜. 浅谈绿色低碳城市发展规划 [J]. 黑龙江科技信息，2010（12）：292.

[4] 张姗姗，齐奕. 设计结合自然——格伦·马库特轻型可持续建筑设计思想解读 [J]. 城市建筑，2015（1）：116-119.

[5] 丁沃沃. 过渡、转换与建构 [J]. 新建筑，2017（6）：4-8.

[6] 李玲玲，梁斌，陈晗，等. 中小城市体育建筑设计策略——以丹东浪头体育中心三馆设计为例 [J]. 建筑学报，2013（10）：55-59.

[7] 李保峰. 绿色建筑的新常态 [J]. 城市建筑，2015（11）：3.

[8] 李志民，王昆. 基于行为心理需求的城市商业广场尺度研究 [J]. 西安建筑科技大学学报，2016（4）：240-244.

[9] 李和平，章征涛，杨宁. 攀枝花市民商务办公区城市设计的气候适应性探讨 [J]. 规划师，2017（1）：99-104.

[10] 张宏，张莹莹，王玉，等. 绿色节能技术协同应用模式实践探索——以东南大学"梦想居"未来屋示范项目为例 [J]. 建筑学报，2016（5）：81-85.

[11] 石建惠，刘巍. 大冬会对哈尔滨城市发展的影响 [J]. 冰雪运动，2008（4）：61-64.

[12] 李小兰. 现代大型体育赛事的内涵、特征与社会功能 [J]. 体育文化导刊，2010（4）：146-150.

[13] 曹庆荣，雷军蓉. 城市发展与大型体育赛事的举办 [J]. 西安体育学院学报，2010（4）：399-412.

[14] 刘东锋. 谢菲尔德利用大型体育赛事塑造城市形象的战略及启示 [J]. 上海体育学院学报，2011（1）：30-33.

[15] 周治良. 光荣的使命——第十一届亚运会工程概况 [J]. 建筑学报，1990（9）：2-5.

[16] 马国馨. 巴塞罗那与奥运会 [J]. 建筑学报，1992（4）：56-62.

[17] 顾爱斌. 八运会场馆建设情况概述 [J]. 建筑学报，1998（1）：25-27.

[18] 周畅. 悉尼2000年奥运会的场馆建设 [J]. 建筑学报，1999（7）：60-63.

[19] 马国馨. 从亚运走向奥运 [J]. 建筑创作，2006（7）：66-83.

[20] 胡越. 大型体育馆设计的三种模式——五棵松体育馆建筑设计 [J]. 建筑学报，2008（7）：62-67.

[21] 孙一民. 体育场馆适应性研究——北京工业大学体育馆 [J]. 建筑学报，2008（1）：94-97.

[22] 庄惟敏，祁斌. 2008奥运会北京射击馆建筑设计 [J]. 建筑学报，2007（10）：38-45.

［23］潘勇，陈雄. 广州亚运馆设计［J］. 建筑学报，2010（10）：50-53.

［24］林冬娜，崔玉明，张红虎. 2010年亚运广州自行车馆设计［J］. 建筑学报，2010（10）：63-65.

［25］孙一民，张春阳. 走向成熟的城市——九运与广州［J］. 时代建筑，2002（3）：26-29.

［26］孙一民. 广州亚运体育设施建设谈：城市的机遇［J］. 建筑与文化，2004（7）：18-21.

［27］陈建华. 2010年亚运会对广州城市规划的影响［J］. 规划师，2004（12）：28-32.

［28］彭高峰，陈勇，王冠贤. 面向2010年亚运会的广州城市发展［J］. 城市规划，2005（8）：75-81.

［29］陈建华，李晓晖. 2010年亚运会与广州城市发展［J］. 城市规划，2009年增刊：5-12.

［30］梅洪元，陈禹，杜甜甜，等. 从"全运"到"全民"——由第十二届全运会看体育建筑新发展［J］. 建筑学报，2013（10）：48-54.

［31］单玉霞. 承办第十四届全运会背景下西安市体育设施建设与城市发展互动的探讨［J］. 体育世界，2016（9）：43-47.

［32］马国馨. 可持续发展观和体育建筑［J］. 建筑学报，1998（10）：18-20.

［33］吴运娟，张宁. 修订奥运规划，建设北京奥运双中心［J］. 现代城市研究，2001（1）：12-15.

［34］赵燕菁. 奥运会经济与北京空间结构调整［J］. 城市规划，2002（8）：29-37.

［35］王兵，陈晓民，刘康宏. 奥运与北京——北京城市发展的机遇与挑战［J］. 时代建筑，2002（3）：24-26.

［36］沈实现，舒婷婷. 奥运公园的建设与运营及其对城市发展的影响［J］. 建筑师，2008（3）：64-69.

［37］谢迅，王乃光. 大型体育赛事触媒研究——以近三届全运会承办城市为例［J］. 皖西学院学报，2012（4）：136-139.

［38］梅洪元，张向宁，朱莹. 回归当代中国地域建筑创作的本原［J］. 建筑学报，2010（11）：106-109.

［39］原玉杰，靳英华. 体育场馆布局的影响因素分析［J］. 北京体育大学学报，2007（11）：90-92.

［40］孔庆波，崔瑞华. 居住分异背景下社区体育场馆布局的非均衡发展［J］. 山东体育学院学报，2013（1）：11-15.

［41］周婧. 论深圳大运体育中心的解构特征［J］. 湖南城市学院学报（自然科学版），2013（3）：41-44.

［42］李珏. 中国古典园林时空结构初探［J］. 浙江教育学院学报，2007（3）：75-79.

（2）学术论文文献

［1］赵大壮. 北京奥林匹克建设规划研究［D］. 北京：清华大学，1985.

［2］董杰. 奥运会对举办城市的影响［D］. 北京：清华大学，2002.

［3］任磊. 百年奥运建筑［D］. 上海：同济大学，2006.

［4］胡振宇. 现代城市体育设施建设与城市发展研究［D］. 南京：东南大学，2006.

［5］王西波. 互动/适从——大型体育场所与城市的关系研究［D］. 上海：同济大学，2007.

［6］岳乃华. 基于多元需求的中小城市体育中心设计研究［D］. 哈尔滨：哈尔滨工业大学，2015.

［7］孙逊. 冰雪体育建筑生态化设计研究［D］. 哈尔滨：哈尔滨工业大学，2014.

［8］丁妤. 速滑馆比赛厅微气候环境的CFD模拟研究［D］. 哈尔滨：哈尔滨工业大学，2012.

［10］王少鹏. 当代冰上运动建筑形态设计研究［D］. 哈尔滨：哈尔滨工业大学，2013.

［11］赵阳. 冬奥会运动设施规划设计研究［D］. 哈尔滨：哈尔滨工业大学，2001.

［12］刘碧波. 体育场馆多功能化设计研究［D］. 重庆：重庆大学，2005.

［13］刘晶晶. 现代体育场与城市空间研究［D］. 上海：同济大学，2008.

［14］王钰. 大型体育设施与城市空间发展研究［D］. 南京：南京工业大学，2012.

［15］黎俊. 首都体育馆内部运营机制研究［D］. 北京：北京体育大学，2007.

［16］樊松丽. 绿色体育建筑的可持续性及环境性能评价研究［D］. 武汉：华中科技大学，2006.

［17］张立涛. 城市轴线设计方法的理论与实践探索［D］. 天津：天津大学，2007.

［18］周宇凡. 基于复合化设计理论的社区体育休闲中心研究［D］. 北京：清华大学，2018.

［19］金莉. 2008北京奥运会临时场馆再利用与使用后评估研究——以射箭场为例［D］. 北京：清华大学，2014.

［20］叶菁. 高校体育场馆功能运营节能的使用后评估——以北京四座场为例［D］. 北京：清华大学，2006.

（3）技术标准

［1］北京市建筑设计研究院. 体育建筑设计规范：JGJ31—2003［S］. 北京：中国建筑工业出版社，2003.

［2］中华人民共和国住房和城乡建设部. 民用建筑设计统一标准：GB50352—2019［S］. 北京：中国建筑工业出版社，2019.

［3］中华人民共和国住房和城乡建设部. 公共建筑节能设计标准：GB50189—2015［S］. 北京：中国建筑工业出版社，2015.

［4］《公共体育场馆建设标准系列—1（体育场建设标准）》（建标2009征求意见稿）

［5］《公共体育场馆建设标准系列—2（体育馆建设标准）》（建标2009征求意见稿）

［6］国务院关于印发全民健身计划（2011—2015年）的通知. 国家体育总局

［7］济南市体育专项规划（2008—2020年）（公示稿）

（4）学术著作

［1］中国建筑工业出版社，中国建筑学会. 建筑设计资料集6［M］. 北京：中国建筑工业出版社，2017.

［2］曾涛. 体育建筑设计手册［M］. 北京：中国建筑工业出版社，2001.

［3］梅季魁. 现代体育馆建筑设计［M］. 哈尔滨：黑龙江科学技术出版社，2002.

［4］刘加平，马斌齐. 体育建筑概论［M］. 北京：人民体育出版社，2009.

［5］马国馨. 体育建筑论稿：从亚运到奥运［M］. 天津：天津大学出版社，2006.

［6］钱锋，任磊，陈晓恬. 百年奥运建筑［M］. 北京：中国建筑工业出版社，2010.

［7］王璐. 重大节事影响下的城市形态研究［M］. 北京：中国建筑工业出版社，2011.

［8］胡斌. 复合型体育设施设计［M］. 北京：中国商业出版社. 2011.

［9］金灿. 当代北京建筑史话［M］. 北京：当代中国出版社，2008.

［10］刘欣葵，谭善勇. 北京市社区体育设施现状与发展研究［M］. 北京：中国经济出版社，2014.

［11］金坤. 综合·高效·专业·多元：公共体育场馆建筑设计特征研究［M］. 杭州：浙江大学出版社，2015.

［12］王斌. 体育建筑设计研究与案例分析［M］. 北京：中国建筑工业出版社，2014.

［13］CCDI. 奥运场馆运行设计［M］. 北京：中国建筑工业出版社，2011.

［14］陈元欣. 大型体育场馆设施供给研究［M］. 武汉：华中师范大学出版社，2011.

［15］王健，陈元欣. 国内体育场馆运营管理典型案例分析［M］. 北京：北京体育大学出版社，2012.

［16］陈元欣. 后奥运时期大型体育场馆市场化运营研究［M］. 北京：北京体育大学出版社，2013.

［17］中国建筑节能协会主编. 中国建筑节能现状与发展报告［M］. 北京：中国建筑工业出版社，2012.

［18］绿色奥运会建筑研究课题组. 绿色奥运建筑实施指南［M］. 北京：中国建筑工业出版社，2004.

［19］王乃静. 价值工程概论［M］. 北京：经济科学出版社，2006.

［20］肖淑红. 体育产业价值工程［M］. 北京：北京体育大学出版社，2009.

［21］米兰特·约翰，基特·坎贝尔. 游泳馆与溜冰场设计手册［M］. 大连理工大学出版社，1999.

［22］杨公侠. 建筑·人体·效能——建筑工程学［M］. 天津：天津科学技术出版社，2001.

［23］克里斯托弗·亚历山大. 建筑模式语言［M］. 王听度，周序鸿译. 北京：中国建筑工业出版社，1989.

［24］刘先觉. 现代建筑理论［M］. 北京：中国建筑工业出版社，1999.

［25］（日）芦原义信. 外部空间设计［M］. 尹培桐译. 北京：中国建筑工业出版社，1985.

［26］田树涛. 人体工程学［M］. 北京：北京大学出版社，2010.

［27］李道增. 环境行为学概论［M］. 北京：清华大学出版社，1999.

［28］詹和平. 空间［M］. 南京：东南大学出版社，2006.

［29］蔺宝钢，吕小辉，何泉. 高等院校艺术设计精品教程环境景观设计［M］. 武汉：华中科技大学出版社，2007.

［30］燕果. 珠江三角洲建筑二十年［M］. 北京：中国建筑工业出版社，2005.

［31］龙惟定，武涌. 建筑节能技术［M］. 北京：中国建筑工业出版社，2009.

［32］段进，邱国潮. 国外城市形态学概论［M］. 南京：东南大学出版社，2009.

［33］林宪德. 绿色建筑生态·节能·减废·健康［M］. 北京：中国建筑工业出版社，2011.

［34］吴雪梅. 建筑节能设计［M］. 武汉：华中科技大学出版社，2010.

［35］徐小东，王建国. 绿色城市设计——基于生物气候条件的生态策略［M］. 南京：东南大学出版社，2009.

［36］徐岩，蒋红蕾等. 建筑群体设计［M］. 上海：同济大学出版社，2000.

［37］陈飞. 建筑风环境——夏热冬冷气候区风环境研究与建筑节能设计［M］. 北京：中国建筑工业出版社，2009.

［38］刘加平，谭良斌，何泉. 建筑创作中的节能设计［M］. 北京：中国建筑工业出版社，2007.

［39］周浩明，张晓东. 生态建筑［M］. 南京：东南大学出版社，2002.

［40］陈晓扬，郑彬，侯可明，等. 建筑设计与自然通风［M］. 北京：中国电力出版社，2011.

［41］（英）康泽恩. 城市平面格局分析：诺森伯兰郡安尼克案例研究［M］. 宋峰等译. 北京：中国建筑工业出版社，2011.

［42］（丹麦）扬·盖尔. 交往与空间［M］. 何人可译. 北京：中国建筑工业出版社，2002.

［43］（英）布赖恩·爱德华兹. 可持续性建筑（第二版）［M］. 周玉鹏，宋晔皓译. 北京：中国建筑工业出版社，2003.

［44］（美）克莱尔·库伯·马库斯，卡罗琳·弗郎西斯. 人性场所——城市开放空间设计导则.［M］. 俞孔坚，孙鹏等译. 北京：中国建筑工业出版社，2001.

［45］Norman·M·Klein. You Are Here［M］. International Unit, 2008.

［46］伊恩·伦诺克斯·麦克哈格. 设计结合自然［M］. 北京：中国建筑工业出版社，2002.

［47］（英）伊恩·本特利. 建筑环境共鸣设计［M］. 纪晓海，高颖译. 大连：大连理工大学出版社，2002.

后　记

对于体育建筑的研究最初始于研究生求学阶段，2015年硕博连读之际在导师的指导下开始关注全运会比赛场馆赛后利用问题。2009年举办的第十一届全运会作为继北京奥运会后我国举办的第一个全国综合性运动会，所倡导的"和谐中国，全民全运"的"大体育"理念，开启了中国体育与时俱进，竞技体育与全民健身紧密结合的可持续发展观。如今，距离第十一届全运会成功举办已经过去十二年有余，在此期间，以济南奥体中心、山东省体育中心为代表的济南市域全运会比赛场馆经历了哪些赛后改造、功能转化？十多年的磨合使用，比赛场馆的可持续利用情况如何？是否逐步走向正轨？鉴于在建筑设计领域我国对于全运会比赛场馆研究涉及较少，加之第十一届全运会比赛场馆既有资料缺乏，在这种情况下，本书研究对象和意义得以明确。本书基本内容和结构框架以作者本人的博士论文《济南市域全运会比赛场馆可持续发展研究》（华南理工大学博士论文，2019年，导师孙一民教授）为基础，和其他四位作者参考了近两年来相关的学术研究成果进行了一定的调整、补充完善而成。

交稿之际，首先要衷心感谢孙一民教授的悉心指导和不倦教诲。孙教授学识渊博、高瞻远瞩，从研究方向的定夺到即将付梓，倾注了大量心血，对写作框架提出针对性建议与严谨指正。孙教授所坚持的独立明辨与理性反思的治学态度使我受益终生！还要特别感谢张春阳教授，在框架构建和修改时给予宝贵建议和耐心解惑，在我工作和生活上的细致关怀让我倍感温暖和感动！感谢吴硕贤院士、肖毅强教授、王国光教授、陆琦教授、彭长歆教授、朱雪梅教授、汪奋强高工、陶亮高工以及王静教授，在我求学路上给予的宝贵建议与细心指导。还要感谢工作单位山东建筑大学建筑城规学院的全晖院长为本书提供的宝贵意见以及对我的支持和鼓励！

最后还有一份特别的感谢，要送给我的家人。感谢我的父母不辞劳苦的付出，包容我写作时的焦躁与不安，在我遭遇瓶颈时给予我巨大的安慰与支持，这是我坚持下去的最大动力！

由于时间跨度较大，本书在资料收集中得到所有帮助和支持在此不一一罗列，一并献上我们最诚挚的感谢！

尹　新

2021年11月